機械系コアテキストシリーズ C-1

熱 力 学

片岡　勲・吉田 憲司

共著

▼

コロナ社

　このたび，新たに機械系の教科書シリーズを刊行することになった。

　シリーズ名称は，機械系の学生にとって必要不可欠な内容を含む標準的な大学の教科書作りを目指すとの編集方針を表現する意図で「機械系コアテキストシリーズ」とした。本シリーズの読者対象は我が国の大学の学部生レベルを想定しているが，高等専門学校における機械系の専門教育にも使用していただけるものとなっている。

　機械工学は，技術立国を目指してきた明治から昭和初期にかけては力学を中心とした知識体系であったが，高度成長期以降は，コンピュータや情報にも範囲を広げた知識体系となった。その後，地球温暖化対策に代表される環境保全やサステイナビリティに関連する分野が加わることになった。

　今日，機械工学には，個別領域における知識基盤の充実に加えて，個別領域をつなぎ，領域融合型イノベーションを生むことが強く求められている。本シリーズは，このような社会からの要請に応えられるような人材育成に資する企画である。

　本シリーズは，以下の5分野で構成され，学部教育カリキュラムを構成している科目をほぼ網羅できるように刊行を予定している。

　　　A：「材料と構造」分野

　　　B：「運動と振動」分野

　　　C：「エネルギーと流れ」分野

　　　D：「情報と計測・制御」分野

　　　E：「設計と生産・管理」分野

　また，各教科書の構成内容および分量は，半期2単位，15週間の90分授業を想定し，自己学習支援のための演習問題も各章に配置している。

　工学分野の学問内容は，時代とともにつねに深化と拡大を遂げる。その深化と拡大する内容を，社会からの要請を反映しつつ高等教育機関において一定期間内で効率的に教授するには，周期的に教育項目の取捨選択と教育順序の再構成が必要であり，それを反映した教科書作りが必要である。そこで本シリーズでは，各巻の基本となる内容はしっかりと押さえたうえで，将来的な方向性も見据えることを執筆・編集方針とし，時代の流れを反映させるため，目下，教育・研究の第一線で活躍しておられる先生方を執筆者に選び，執筆をお願いしている。

　「機械系コアテキストシリーズ」が，多くの機械系の学科で採用され，将来のものづくりやシステム開発にかかわる有為な人材育成に貢献できることを編集委員一同願っている。

　2017年3月

編集委員長　金子　成彦

　本書は，大学や高専の工学系の学生が初めて熱力学を学ぶ際に使用することを念頭に書いたものである。熱力学は，工学においてもっとも基本的な学問分野の一つである。また，熱と仕事という，非常に身近な現象を取り扱うものである。しかしながら，熱力学は，学生にとってあまりなじめない科目の一つであり，わかりにくく，おもしろくない科目の代表である。これは熱力学が非常に洗練された理論体系として築き上げられた結果，初めてこれを学ぶ学生にとっては非常に理解が難しいものになってしまっているからである。

　熱力学は，いくつかの法則に基づき，厳密な演繹と巧妙な数学的手法を用いて組み立てられており，無味乾燥な印象が避けられない。また，エントロピーや自由エネルギーなど，直接測定したり実際の現象と簡単に結びつけることが難しい物理量を取り扱うことが多く，理解に戸惑ってしまう場合が多い。また，微分量や変分量，多変数関数の微分や積分など，かなり高度な数学的知識を必要とされることも，熱力学の不人気さの一因となっている。

　しかしながら，熱力学は，蒸気機関を用いて熱から仕事を取り出すという，きわめて実用的，実際的な技術を理論付けるためにできた学問分野であって，決して難解なものではない。また，熱力学の理論体系を完全にマスターしなければ，熱機関などの熱を利用する機械装置を設計することができないわけではない。特に初めて熱力学を学ぶ人にとっては，あまりにも厳密さを求めては，かえって理解が妨げられることになりかねない。

　以上のことから，本書では，熱力学を実際の現象に即して，わかりやすく説明することに力をおいた。また，数学の知識はある程度は必要であるが，必要

最小限の知識で理解できるように工夫をしたつもりである。

　本書の構成は以下のようになっている。1章で熱力学で用いる重要な物理量である温度，熱，仕事，運動エネルギー，比熱，圧力と単位，熱と仕事の等価性について説明した。2章ではボイル・シャルルの法則から始めて，さまざまな状態や，単位系での温度，圧力，体積を理想気体の状態方程式を用いて計算する方法について説明した。3章では熱力学の第1法則（熱量と仕事の総和の保存）について，さまざまな実例に基づいてわかりやすく説明した。4章では熱力学第2法則について熱機関の最大効率との関係を述べ，エントロピーの概念を説明した。また可逆変化，不可逆変化についてエントロピーを用いて説明した。5章では熱力学の重要な応用の一つであるガスを用いた熱機関であるカルノーサイクル，オットーサイクル，ディーゼルサイクル，ブレイトンサイクルについて，仕事，熱の収支，熱効率の計算方法について解説した。6章では水を中心に相変化の状態図（圧力と体積，温度と体積）について説明し，液相と蒸気相の物性値を与える蒸気表の使い方，気液二相状態（湿り蒸気）の物性値の計算方法についても説明した。7章では相変化に伴う熱の収支と仕事の基礎的事項を説明し，それに基づいて相変化を用いる熱機関であるランキンサイクル，再生サイクル，再熱サイクルについて，熱の収支と仕事のやりとり，熱効率について説明した。8章では冷凍機とヒートポンプの原理を熱力学的に説明し，その熱収支，仕事，および成績係数について説明した。また巻末には，相変化を用いる熱機関において重要な水と蒸気についての物性値を与える蒸気表を掲載した。

　本書が工学系の学生がスムーズに熱力学を理解し，熱力学を好きになって，さまざまな技術に応用していく際の手助けになればと考えている。

　最後に，本書の執筆に関して大変お世話になりましたコロナ社に感謝の意を表します。

　2018年1月

片岡　勲・吉田憲司

目　次

7章　相変化を伴うサイクル

8章　冷凍機とヒートポンプ

付　　　　録

1章 熱力学で取り扱う物理量

◆ 本章のテーマ

　本章では，熱力学で用いる重要な物理量である，温度，熱，仕事，運動エネルギー，比熱，圧力等について説明し，その単位について，実用的に用いられているさまざまな単位とその相互の関連について述べる。また，熱力学，熱機関の最も重要な原理である熱と仕事の等価性について解説する。

◆ 本章の構成（キーワード）

1.1 熱力学を学ぶこととは
　　　産業革命，熱力学，熱機関
1.2 熱量と温度
　　　温度の測定原理，熱量の定義，比熱
1.3 熱と仕事
　　　仕事の定義，運動エネルギーの定義，ジュールの実験，比熱の定義
1.4 気体の膨張による仕事
　　　気体による仕事，圧力の定義

◆ 本章を学ぶと以下の内容をマスターできます

☞ 温度と熱量の関係
☞ 熱量と仕事の等価性
☞ 比熱と熱量
☞ 気体の圧力と仕事
☞ さまざまな単位系による物理量の表現

1.1　熱力学を学ぶこととは

　熱は人間にとって最も身近なものの一つであり，また人間の生活に欠くことのできないものである。人間の置かれた環境の暑さ，寒さ，また身の回りのさまざまな熱を，温度として感じることができる。そして，このことによって人間は環境の中で生存することができる。また，人間は熱を利用するようになってその生活環境を快適なものにしてきた。人類が地球上に出現して以来，火という熱源を用いることによって，食物の調理，暖房，また光源など，さまざまな用途に利用してきた。また，陶磁器など，さまざまな産業においても熱を利用するようになった。特に産業革命以降は，人類は熱を大量に用いることによって大きな動力源を得ることができるようになり，近代文明を築くことができるようになった。

　熱力学（thermodynamics）は，こうした産業革命における**熱機関**（heat engine）の仕組みを理論的に説明するために生まれたものである。したがって，熱力学は実際の技術に即したきわめて実用的な学問であり，決してとっつきにくく難解な学問分野ではない。しかしながら，一方において，熱力学は物理学の一分野としてきわめて洗練された，厳密な理論体系として構築され完成されてきた。

　工学においては，熱力学は**熱**（heat）をどれだけ**機械的仕事**（mechanical work）に変えることができるか，また**仕事**（work）を用いて熱をどのように移動させるかを正確に把握するための方法である。その意味において熱力学は非常に実際的な学問分野であり，決して難解なものではない。

　蒸気機関が発明されて産業革命が起こったが，じつはその時点では，まだ，熱力学という学問分野はまったくと言っていいほど確立されていなかった。

　ニューコメンの蒸気機関が 1709 年，ワットの蒸気機関が 1788 年，本格的なボイラであるコルニッシュボイラが 1802 年，トレビシックの蒸気機関車が 1807 年，フルトンの蒸気船が 1807 年に開発されたのに対し，熱機関としてカルノーサイクルの理論が確立されたのが 1824 年，マイヤーによりエネルギー

保存則が確立されたのが 1842 年，蒸気機関としてランキンサイクルの理論が
確立されたのはなんと 1859 年である。

　このように，熱力学は産業革命においていろいろな熱機関が発明された後
に，これらの熱機関において熱から仕事がどれだけ取り出せるかの，理論的な
上限を与えるために作られた学問体系である。その後，理論的にも数学的にも
非常に洗練されたものとなり，現在の熱力学という学問分野になっている。

　こうした経緯から考えて，技術者として熱力学を学ぶ場合には，あくまで実
用的な観点から，熱から仕事をどれだけ取り出せるか，仕事を用いて熱をどれ
だけ移動することができるかを正確に計算するための手段として利用する立場
が重要である。このような立場から熱力学を見ると，非常にわかりやすく実際
的な理論であることがわかる。

　本章では，熱力学で取り扱う物理量について説明を行う。

1.2 熱 量 と 温 度

　熱力学で取り扱う最も基本的な物理量は，**熱量**（quantity of heat）すなわち
熱の量である。熱力学の多くの教科書では，まず熱とは何かという難しい説明
から入る場合が多い。そして熱とは分子や原子の運動であるという説明があ
る。しかしながら，熱とはそのようなややこしい説明を受けなくても，私たち
が経験的によく知っているものである。つまり，熱とはものを温めるものであ
る。ストーブをつければ部屋が暖まり，鍋の水をガスコンロにかければ温まっ
てお湯になる。これが熱である。

　実用的な熱力学においても，熱とはこのような定義で十分である。ただ，も
のの長さや体積と同様，熱についてもそれを測る物差しが必要である。熱が多
いか少ないかの量のことを熱量という。熱量はものが温まる度合いで測ること
ができる。ものの温かさ冷たさを測る物差しは言うまでもなく**温度**（tempera-
ture）である。したがって，熱量は，一定の量の物質が一定の温度上昇する量
として定義することができる。

　温度は**温度計**（thermometer）で測ることができる。今はほとんどがディジタルで表示されているが，温度は，液体や気体の膨張の度合いで測ることができる。もっとも普通に用いられているものは，アルコールの熱膨張を利用したアルコール温度計である。これはガラス管中に赤で着色した（青の場合もある）アルコールを入れ，目盛りをつけたもので，水が氷る温度を 0℃，水が沸騰する温度を 100℃としてその間を 100 等分し目盛りをつける。この一目盛りが 1℃である。

　熱量は，水 1 グラムが 1℃上昇する量として定義され，これを 1 カロリー（1 cal）とする。この定義は私たちに最も身近な水と温度計を用いて定義され，熱量を実感できる定義である。以下に述べるように国際的な約束により熱量の単位は別のものを使うが，基本的は熱量をこうした身近に実感できる量として把握したほうがわかりやすく，熱を利用する機器を設計する際には都合がよい。

　ものの温まり方は物質によって異なる。同じ熱量が加わっても，鉄や銅，アルコールなど物質が異なると，温度の上昇が異なる。これを**比熱**（specific heat）と呼ぶ。水の比熱が基準となり 1 である（単位を付ければ 1 cal/(g·℃)）。鉄の比熱は 0.11 cal/(g·℃)，銅の比熱は 0.092 cal/(g·℃)，アルコールの比熱は 0.577 cal/(g·℃) である。このようにして，まず，熱というものと温度をいうものをしっかり定義することが熱力学の基本である。

1.3　熱 と 仕 事

　1.1 節で述べたように，熱力学は**熱**を**仕事**に変換したり，仕事を熱に変換したりする場合の，その量的な計算をする手段である。したがって，つぎに必要なものは，仕事の定義である。仕事も，私たちが身近で実感できる単位で把握しておくのが工学的には望ましい。仕事はある力である距離を動かすことで定義され，仕事量は力と距離をかけたものである。最もわかりやすい単位は，1 kg の重さのものを 1 m 持ち上げる仕事である。これを 1 kgf·m と書く。こ

こでfという記号は，1 kg の質量に働く力ということをはっきりを表すために書く。

　この力と仕事の単位には別の表し方がある。力は，ニュートンの第二法則によって物体を加速する量として定義され，1 kg の物質を 1 m/s^2 加速する（1 秒間で 1 m/s 分の速度を増やす）のに必要な力を 1 N（ニュートン）で表す。

　物質の重さは物質が地球の引力によって引っ張られる力であり，1 kg の物質の重さ 1 kgf は 9.8 N である。大まかには重さを 10 倍したらニュートンの単位となる。ニュートンの単位で表された力はなかなか実感しにくいが，1 N は大まかに 100 g の重さと思えばよい。ニュートンの単位で表された量のおおよそ 1/10 が kg の重さとなる。

　この単位を用いて仕事量が定義される。1 N の力で 1 m 動かすときの仕事を，1 J（ジュール）と定義する。すなわち

$$1 \text{ J} = 1 \text{ N·m} \tag{1.1}$$

この単位を用いると，1 kg の物質を 1 m 持ち上げる仕事量は 9.8 J，おおよそ 10 J となる。

　上の例はものを持ち上げる仕事であったが，実際の仕事としては，車が走ったり，機械が回転したりする運動の仕事である。これは**運動エネルギー**（kinetic energy）と呼ばれる。質量が m 〔kg〕の物体が速度 v 〔m/s〕で動いているとき，その物体の運動エネルギー e は次式で与えられる。

$$e = \frac{1}{2}mv^2 \tag{1.2}$$

　運動エネルギーの単位も，仕事と同じく

$$\text{kg·(m/s)}^2 = \text{kg·m/s}^2\text{·m} = \text{N·m} = \text{J} \tag{1.3}$$

でジュール〔J〕の単位をもつ。蒸気機関では，石炭が燃える熱が仕事に変わる。また，車のブレーキをかけた場合に車を動かす仕事は摩擦熱に変わる。したがって，仕事と熱は相互に変化できる量であり，その単位は同じで換算できるはずである。この換算の割合は**図 1.1** に示すジュールの実験によって調べられており，つぎのようになる。

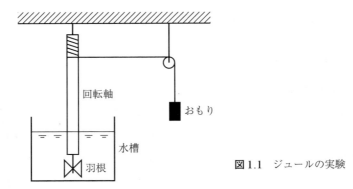

図 1.1　ジュールの実験

　この実験は m〔kg〕のおもりが L〔m〕下がる場合の仕事 $9.8\,mL$〔J〕を滑車と回転軸によって羽根の回転に変え，これによって水槽の水（M〔kg〕）を攪拌する。初めは攪拌によって水槽の水が動くが，しだいに水の動きは少なくなっていき，静止する。これは水の中での摩擦によって，水の流れが止まるからである。このときの摩擦熱が（非常にわずかではあるが）熱に変わり水の温度を上げる。

　こんなことが本当に起こるかと思うかも知れない。実際には，ほとんど温度が変わらない（水槽の水に手を入れてもまったく温度は変わらないように感じる）。しかし非常に精密な温度計を入れると，わずかだが温度は上がる。水温の上昇（$\Delta t\,℃$）を測ることによって cal と J の換算割合を求めることができる。これを行ったのがジュールの実験である。その結果，以下のようにジュールとカロリーが換算できることがわかっている。

$$1\,\text{cal} = 4.185\,5\,\text{J} \tag{1.4}$$

例題1.1

　水の比熱は $1\,\text{cal}/(\text{g}\cdot℃)$，鉄の比熱は $0.11\,\text{cal}/(\text{g}\cdot℃)$，銅の比熱は $0.092\,\text{cal}/(\text{g}\cdot℃)$，アルコールの比熱は $0.577\,\text{cal}/(\text{g}\cdot℃)$ である。

　これらを，$\text{kJ}/(\text{kg}\cdot\text{K})$ の単位で表しなさい。

解答

　℃と絶対温度 K の目盛りは同じである。1 kg は 1 000 g。これと式（1.4）を用

いて

水の比熱：	$1 \times 1\,000 \times 4.185\,5/(1\,000 \times 1) = 4.185\,5\,\mathrm{kJ/(kg \cdot K)}$
鉄の比熱：	$0.11 \times 4.185\,5 = 0.460\,4\,\mathrm{kJ/(kg \cdot K)}$
銅の比熱：	$0.092 \times 4.185\,5 = 0.385\,0\,\mathrm{kJ/(kg \cdot K)}$
アルコールの比熱：	$0.577 \times 4.185\,5 = 2.415\,0\,\mathrm{kJ/(kg \cdot K)}$

例題1.2

　図 1.1 のジュールの実験で，水槽の水の量を 500 g，おもりの質量を 10 kg，おもりが下がった距離を 2 m とし，おもりの降下による羽根車の回転が，すべて熱エネルギーに変わったとした場合の，水槽の水の温度の上昇を求めなさい。水の比熱は $1\,\mathrm{cal/(g \cdot ℃)}$ とする。

解答

　おもりが降下することによる仕事は

$mgL = 10 \times 9.8 \times 2 = 196\,\mathrm{J}$

　水の比熱は： $1\,\mathrm{cal/(g \cdot ℃)} = 4.185\,5\,\mathrm{kJ/(kg \cdot K)} = 4\,185.5\,\mathrm{J/(kg \cdot K)}$

　水の質量は 0.5 kg であるので，水の温度上昇 ΔT は

$196/(4\,185.5 \times 0.5) = 0.093\,7\,\mathrm{K}$

　わずか 0.1 ℃ の温度上昇である。人間が手を突っ込んでも感じることはできない。

　このように，熱量と仕事量はたがいに換算でき共通の単位を持つことから，国際的な約束により，熱量も J を用いて表すことになっている。ただ，cal も熱量を実感するのには非常に便利な単位であり，この単位も依然としてよく用いられる。

　ジュール〔J〕という単位は，電気製品を考えるとき便利である。電力の単位はワット〔W〕であり，これは 1 秒当りの仕事量〔J/s〕を表すものである。電気ポットでお湯を沸かすときは 1 秒間当りの熱量，扇風機やエアコンを動かすときには 1 秒当りの仕事を表している。

いま，500 W の電気ポットで 500 cc（500 g）の 20 ℃の水を沸かす場合を考えよう。1 秒当り

$$500\,\mathrm{J} = \frac{500}{4.185\,5}\,\mathrm{cal} = 119\,\mathrm{cal} \tag{1.5}$$

の熱が水に供給されるので，水の比熱を考えると水の温度上昇は 1 秒当り

$$\frac{119}{500} = 0.238\,℃ \tag{1.6}$$

したがって，20 ℃の水を 100 ℃まで沸かすのに必要な時間は

$$\frac{100-20}{0.238} = 336\,秒 = 5\,分\,36\,秒 \tag{1.7}$$

となる。

1.4　気体の膨張による仕事

　熱機関において熱を仕事に変えるには，**気体の膨張**（gas expansion）を用いる。**図 1.2** 示すように，**体積**（volume）V，**圧力**（pressure）p の気体がピストンを押して ΔL だけ動いた場合に外部になす仕事 W は，ピストンの断面積を A とするとつぎのように与えられる。

$$W = pA\Delta L = p\Delta VL \tag{1.8}$$

ここで ΔV は体積の増加分である。

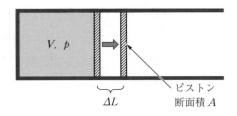

図 1.2　気体の膨張による仕事

　このように，気体が外部になす仕事を考えるときには気体の圧力が必要となる。圧力は単位面積当りの押す力である。私たちが最もなじみの深い圧力の単位は，1 平方センチメートル当り何キログラムの力が加わるかという単位

〔kgf/cm^2〕である。これを工学気圧と呼び，1 kgf/cm^2 を 1 at と表す。これは，おおよそ私たちの周りの大気圧である。大気圧は，高気圧か低気圧かで変化するので標準の大気圧が決められていて，これを 1 気圧あるいは 1 atm で表す。**標準大気圧**（standard atmospheric pressure）は 1.033 6 kgf/cm^2 である。これも国際的な約束では N と m^2 を使うことになっている。この単位を（Pa，パスカル）と呼ぶ。

$$1\,\mathrm{Pa} = 1\,\mathrm{N/m^2} \tag{1.9}$$

このパスカルの単位で表すと，1 気圧は 1.013×10^5 Pa となる。Pa は小さな単位なので通常 k（キロ，10^3）や M（メガ，10^6）や h（ヘクト，10^2）を付けて表す。また 10^5 Pa を 1 bar（バール）と表すこともある。これらの表記では 1 気圧（1 atm）は 101.3 kPa，0.101 3 MPa，1 013 hPa，1.013 bar となる。また工学気圧の 1 at は 98.07 kPa，0.098 07 MPa である。

また歴史的には，大気圧はそれとバランスする水銀の柱の高さで測定されていた。標準大気圧は水銀柱 760 mm とバランスする。したがって，大気圧を 760 mmHg と表す表記法も依然として用いられている。

例題1.3

図 1.2 のピストンが圧力 1 MPa で一定のまま 1 m 外側に動いた場合に外部に対してなす仕事を求めなさい。ピストンの直径を 0.2 m とする。

解答

ピストンの断面積は $(0.1)^2 \times 3.14\,\mathrm{m^2}$ であるので，外部になした仕事は

$$1 \times 10^6 \times (0.1)^2 \times 3.14 \times 1 = 3.14 \times 10^4\,\mathrm{J}$$

例題1.4

標準大気圧とはトリチェリが最初に水銀柱で圧力を計ったときの値，すなわち 760 mm の水銀柱の圧力である。これを kgf/cm^2，ならびに MPa で表しなさい。

解答 ┈┈┈┈┈┈┈┈┈┈┈┈┈┈┈┈┈┈┈┈┈┈┈┈┈┈┈┈┈┈┈┈┈┈┈┈┈┈

水銀の密度は $13\,595\ \mathrm{kg/m^3}$ であるので，$760\ \mathrm{mm}=0.76\ \mathrm{m}$ の水銀柱の圧力は
$$13\,595\times0.76=10\,332\ \mathrm{kgf/m^2}=1.033\,2\ \mathrm{kgf/cm^2}$$
$\mathrm{N/m^2}$ で表すと
$$13\,595\times9.806\,65\times0.76=101\,324\ \mathrm{N/m^2}=0.101\,3\ \mathrm{MPa}$$

例題1.5

ヨーロッパやアメリカでは，圧力の単位として1平方インチ当りに1ポンドの重量が加わる圧力を1 psi（pound-force per square inch，重量ポンド毎平方インチ）と表し用いることがある。1 psi を Pa で表しなさい。また1気圧は何 psi か答えなさい。

解答 ┈┈┈┈┈┈┈┈┈┈┈┈┈┈┈┈┈┈┈┈┈┈┈┈┈┈┈┈┈┈┈┈┈┈┈┈┈┈

1ポンドは $0.454\ \mathrm{kg}$，1インチは $0.025\,4\ \mathrm{m}$ であるので
$$1\ \mathrm{psi}=0.454\times9.8/(0.025\,4)^2=6.897\times10^3\ \mathrm{Pa}$$
1気圧は $0.101\,3\ \mathrm{MPa}$ であるので
$$1\ \mathrm{atm}=0.101\,3\times10^6/6.897\times10^3=14.7\ \mathrm{psi}$$

また圧力は，その絶対値で表す場合（**絶対圧**（absolute pressure）と呼ぶ）と大気圧（必ずしも標準大気圧ではない，現在測定器が置かれているところの気圧である）よりどれだけ高いかで表す場合（**ゲージ圧**（gauge pressure）と呼ぶ）がある。これは，工業的な多くの圧力測定器が大気圧からの圧力を測定するようにできているからである。絶対圧を添え字 a，ゲージ圧を添え字 g で表す場合もある。

このほかに熱力学で大事な単位は，気体や液体の単位体積当りの質量や，単位質量当りの体積の単位である。**密度**（density）は通常ギリシャ文字 ρ で，**比容積**（specific volume）は v で表される。単位はそれぞれ $\mathrm{kg/m^3}$，$\mathrm{m^3/kg}$ である。

　また温度の単位は，℃が最も私たちになじみが深い。この単位を**摂氏温度**（Celsius temperature, Celsius 温度）と呼ぶが，気体の熱膨張による体積の増加は摂氏の温度に 273.15 を加えた値に比例する。これを**絶対温度**（absolute temperature）と呼び，単位は〔K〕で表す。摂氏温度を t，絶対温度を T で表すと，つぎの関係がある。

$$T = t + 273.15 \tag{1.10}$$

ただし摂氏温度と絶対温度の目盛りの間隔は同じであるので，比熱などの単位においては℃を用いようと，K を用いようと同じである。

　さらに温度の単位については，国によって異なる単位を用いている。イギリスやアメリカでは，摂氏ではなく華氏（Fahrenheit）を用いることがある。単位としては℉を用いる。**華氏温度**（Fahrenheit temperature）を F，摂氏温度を t で表すと，つぎのような関係がある。

$$F = \frac{9}{5} t + 32 \tag{1.11}$$

　熱量もこの華氏を用いて，1 ポンド（0.454 kg）の水を 1 ℉上昇する熱量として **Btu**（British thermal unit，英熱量）が用いられることもある。1 Btu は 252 cal，1 056 J である。

例題1.6

　摂氏 0 度と摂氏 100 度は華氏ではそれぞれ何度か，また華氏 100 度は摂氏で何度か求めなさい。

解答

　式（1.11）より
　　摂氏 0 度は：　　　　　$9/5 \times 0 + 32 = 32$　　　　華氏 32 度
　　摂氏 100 度は：　　　　$9/5 \times 100 + 32 = 212$　　　華氏 212 度
　　華氏 100 度は：　　　　$(100 - 32) \times 5/9 = 37.8$　　摂氏 37.8 度（人間の体温に近い）

例題1.7

1 Btu は何カロリーか，また何 J か求めなさい。

解答

1 Btu は 1 ポンドの水を 1 °F 上昇する熱量であるので

$$454 \times (5/9) = 252 \text{ cal}, \qquad 252 \times 4.185\,5 = 1\,056 \text{ J}$$

演 習 問 題

〔1.1〕　大気圧が 995 hPa であるとき，ボイラのゲージ圧力が 0.2 MPa を示している。ボイラの絶対圧力を求めなさい。

〔1.2〕　標準大気圧は，20 ℃ の水柱では何 m に相当するか求めなさい。20 ℃ の水の密度を 998.2 kg/m³ とする。

〔1.3〕　20 ℃ の水が 0.5 kg ある。そこに 500 ℃ で 0.2 kg の鉄の塊を入れると全体の温度は何度になるか求めなさい。ただし水の比熱 1 kcal/(kg·℃)，鉄の比熱を 0.11 kcal/(kg·℃) とする。

〔1.4〕　標準大気圧下での沸点（100 ℃）の水の密度は 958 kg/m³，蒸気の密度は 0.578 kg/m³ である。0.1 kg の沸点の水が沸騰してすべて蒸気となったとき，体積は何 m³ 増えるか求めなさい。

〔1.5〕　問題 1.4 の場合に，水蒸気が外部に対してなした仕事量を求めなさい。

〔1.6〕　摂氏と華氏の温度が同じとなるのは何度のときか求めなさい。

〔1.7〕　高さ 80 m の滝から水が流れ落ちている。滝から流れ出るときの水の流速が 10 m/s であったとき，滝つぼでの水の速度は何 m/s か，またそのときの水 1 kg の運動エネルギーは何 J か求めなさい。

2章 ▶ 理想気体の状態方程式

◆ 本章のテーマ

熱力学，熱機関では，気体の膨張，収縮，加熱，冷却によって，外部との熱と仕事のやりとりが行われる場合が多い。そのため，気体の状態（温度，圧力，体積）を正確に計算する方法が必要となる。理想気体の状態方程式について，ボイル・シャルルの法則から始めて，さまざまな状態や，単位系での温度，圧力，体積の計算方法をわかりやすく解説する。

◆ 本章の構成（キーワード）

2.1 ボイルの法則とシャルルの法則
ボイルの法則，シャルルの法則
2.2 理想気体の温度，体積，圧力の関係
理想気体の状態方程式，さまざまな単位系での気体定数，理想気体の状態方程式を用いた温度，圧力，体積，気体の質量，密度の計算

◆ 本章を学ぶと以下の内容をマスターできます

☞ 一定温度の圧力と体積の関係
☞ 一定圧力での気体の体積の温度の関係
☞ 一定体積での気体の圧力と温度の関係
☞ 気体のモル数を用いた状態方程式と気体定数
☞ 気体の質量を用いた状態方程式と気体定数

2.1 | ボイルの法則とシャルルの法則

　熱力学では熱を仕事に変える場合に気体の温度，圧力による膨張を用いる。したがって，気体の**温度**（temperature）と**圧力**（pressure），**体積**（volume）の関係が重要となる。空気や，窒素，酸素，水素，ヘリウムといった気体は，気体の種類によらず，温度と圧力，体積の間に非常に簡単な関係がある。

　まず，温度が一定の場合，気体の圧力 p と体積 V は**図 2.1** に示すように反比例する。すなわち

$$pV = 一定 \tag{2.1}$$

この関係を**ボイルの法則**（Boyle's law）と呼ぶ。一定温度で圧力が 2 倍，3 倍になれば，体積は 1/2，1/3 となる。

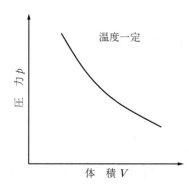

図 2.1　温度一定の場合の
圧力と体積の関係

　つぎに，圧力が一定であれば，**図 2.2** に示すように気体の体積は温度（ただし絶対温度）に比例する。すなわち

$$\frac{V}{T} = 一定 \tag{2.2}$$

また，体積が一定であれば**図 2.3** に示すように気体の圧力は温度に比例する。

$$\frac{p}{T} = 一定 \tag{2.3}$$

これらの関係を**シャルルの法則**（Charles's law）という。

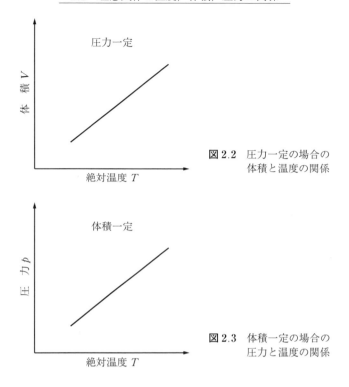

図 2.2　圧力一定の場合の
体積と温度の関係

図 2.3　体積一定の場合の
圧力と温度の関係

2.2 ｜ 理想気体の温度，体積，圧力の関係

式 (2.1) 〜式 (2.3) の関係を合わせると，気体の温度と圧力，体積の間には
つぎの関係が成り立つ。

$$\frac{pV}{T} = 一定 \tag{2.4}$$

この一定値は気体の種類と量によって決まるが，こうした関係は気体の種類
によらず成り立つ。

気体には分子量がある。水素は 2，酸素は 32，窒素は 28 である。空気は体
積割合で酸素が 1/5，窒素が 4/5 あるので，空気の平均の分子量は 28.8 であ
る。分子量にグラムを付けた質量の気体の量を 1 モル（mol）という。1 モル

の気体中にはどの気体であっても，同じ数の分子が存在する。その数は 6.02 ×10²³ 個というとてつもない数であり，この個数を**アボガドロ定数**（Avogadro constant）と呼ぶ。

　1 モルの気体は，温度と圧力が同じであれば同じ体積を示す。**標準状態**（standard state），0 ℃，1 気圧（0.101 3 MPa）では，どの気体でも 1 モルの体積は 22.4 リットル（0.022 4 m³）となる。この関係を用いると，式 (2.4) はつぎのように与えられる。

$$pV = nR_0T \tag{2.5}$$

　これが**理想気体の状態方程式**（ideal gas low）と呼ばれるものであり，気体の種類によらずに成り立つ。式 (2.5) において，R_0 は**一般気体定数**（universal gas constant）と呼ばれる定数であり，圧力 p の単位を気圧（atm），体積 V の単位をリットル（l），絶対温度 T の単位を（K），n は気体のモル数を表す場合，R_0 は，この単位系ではつぎのようになる。

$$R_0 = 0.082 \left[\frac{\mathrm{atm}}{\mathrm{mol \cdot K}} \right] \tag{2.6}$$

この一般気体定数の値は，気体の種類によらずに一定である。

　式 (2.5) を用いれば，気体の温度と圧力，体積の関係は正確に計算できる。単位系を国際的な約束に従って圧力を（Pa），体積を（m³）で表すと，気体定数はつぎのようになる。

$$R_0 = 8.314 \left[\frac{\mathrm{Pa \cdot m^3}}{\mathrm{mol \cdot K}} \right] \tag{2.7}$$

この一般気体定数の単位を熱量で表すと $\mathrm{Pa} = \mathrm{N/m^2}$, $\mathrm{J} = \mathrm{Nm}$ であるので

$$R_0 = 8.314 \left[\frac{\mathrm{J}}{\mathrm{mol \cdot K}} \right] = 1.99 \left[\frac{\mathrm{cal}}{\mathrm{mol \cdot K}} \right] \tag{2.8}$$

となり，気体 1 モル当り 1 K 当りの熱量の単位となる。これは 3 章で述べるが，気体の比熱と密接に関連している。

　気体の質量を m〔kg〕，分子量を M とすると，そのモル数は $1\,000\,m/\mathrm{M}$ となるから，これを式 (2.5) に代入すると

$$pV = \frac{1\,000\,m}{M} R_0 T \tag{2.9}$$

これを書き直すと

$$pV = mRT \tag{2.10}$$

ここで R は**気体定数**（gas constant）と呼ばれ，一般気体定数に $1\,000/M$ をかけたもので，気体の種類によって異なる値をもつ。

$$R = 8.314 \times 10^3 \frac{1}{M} \left[\frac{\mathrm{Pa \cdot m^3}}{\mathrm{kg \cdot K}} \right] \tag{2.11}$$

これも熱量に書きなおすと

$$R = 8.314 \times 10^3 \frac{1}{M} \left[\frac{\mathrm{J}}{\mathrm{kg \cdot K}} \right] = 1.99 \times 10^3 \frac{1}{M} \left[\frac{\mathrm{cal}}{\mathrm{kg \cdot K}} \right] \tag{2.12}$$

となり，気体 1 kg 当り 1 K 当りの熱量の単位となる。

式 (2.10) を変形すると，気体の密度についての**状態方程式**（equation of state）となる。

$$p = \rho RT \tag{2.13}$$

これらの式を用いて，気体の密度，体積，圧力を正確に計算できる。実際の気体はこれらの状態方程式とわずかに異なるが，実用上これらの状態方程式から計算した値を用いても十分に正確な値となる。式 (2.5)，式 (2.9)，式 (2.13) に従う気体を，**理想気体**（ideal gas）と呼ぶ。常温，大気圧での空気や，窒素，酸素，水素，ヘリウム等は理想気体とみなしてよい。また，水蒸気や二酸化炭素は理想気体からややずれるが，近似的に理想気体とみなしてさしつかえない。

理想気体の状態方程式から温度，体積，圧力の関係を求めるためには，気体の種類がわかっている必要がある。気体の種類から分子量を与えて，モル数を計算するか，分子量を含んだ一般気体定数 R を求める。温度，体積，圧力のうち二つがわかっていれば，他の一つを求めることができる。あるいは，温度，体積，圧力がわかっていれば，気体の質量，あるいはモル数を求めることができる。以下にいくつかの計算例を示す。

例題2.1

1 モルの気体が温度 127 ℃ で体積 20 リットルのときの圧力を求めなさい。

解答

式 (2.5) より

$p = nR_0T / V$, $T = 400 \, \text{K}$, $n = 1 \, \text{mol}$, $V = 20 \, l$ なので

$p = 1 \times 0.082 \times 400 / 20 = 1.64$ 気圧

例題2.2

2 モルの気体が温度 27 ℃,圧力 2 MPa のときの体積を求めなさい。

解答

式 (2.5) より

$V = nR_0T / p$, $T = 300 \, \text{K}$, $n = 2 \, \text{mol}$, $p = 2 \times 10^6 \, \text{Pa}$ なので

$V = 2 \times 8.314 \times 300 / 2 \times 10^6 = 2.49 \times 10^{-3} \, \text{m}^3$

例題2.3

0.28 kg の窒素ガスが温度 77 ℃,体積 0.1 m³ であるときの圧力を求めなさい。

解答

窒素ガスの分子量は $M = 28$。   式 (2.10) より $p = mRT / V$, $T = 350 \, \text{K}$,
$V = 0.1 \, \text{m}^3$。

$R = 8.314 \times 10^3 / 28$ なので

$p = 0.28 \times 8.314 \times 10^3 \times 350 / 28 / 0.1 = 290\,850 \, \text{Pa} = 290 \, \text{kPa}$

例題2.4

水素ガスの 0 ℃,0.1 MPa での密度を求めなさい。

解答

水素ガスの分子量は $M=2$。 式 (2.13) より $\rho = p/RT$, $T=273$ K,
$R=8.314 \times 10^3/2$ なので
$$\rho = 0.1 \times 10^6/(8.314 \times 10^3/2 \times 273) = 0.088 \text{ kg/m}^3$$

空気のような，複数の気体が混ざった混合気体で各成分の圧力に対する寄与を**分圧**（partial pressure）と呼び，状態方程式から求める場合がある。空気 1 モル（28.8 g）には酸素が 0.2 モル，窒素が 0.8 モル含まれている。標準状態，0℃，1 気圧（0.101 3 MPa）では空気の体積は 22.4 リットル（0.022 4 m³）である。

この体積中に，酸素 0.2 モルだけが存在するとした場合の圧力を酸素分圧 p_{O_2} と呼ぶ。これは式 (2.5) より

$$p_{O_2} = 0.2 \times 0.082 \times \frac{273}{22.4} = 0.2 \text{ 気圧}$$

同様に窒素の分圧 p_{N_2} は

$$p_{N_2} = 0.8 \times 0.082 \times \frac{273}{22.4} = 0.8 \text{ 気圧}$$

分圧の合計を全圧 p_T と呼び，これは混合ガス（空気）の圧力に等しくなる。

$$p_T = p_{O_2} + p_{N_2} = 0.2 + 0.8 = 1 \text{ 気圧}$$

これは，どのようなガスの組合せについても成り立ち，これを分圧の法則という（**ドルトンの分圧の法則**，Dalton's law ともいう）。

例題2.5

気体の状態方程式も，国際単位系を用いて式 (2.10) を使って表す場合が多くなっている。式 (2.10) の R を，水素，窒素，酸素，空気の場合についても求めなさい。

解答

水素の分子量は $M=2$
$$R = 8.314 \times 10^3/2 = 4.16 \times 10^3 \text{ J/(kg·K)}$$

窒素の分子量は $M = 28$

$R = 8.314 \times 10^3 / 28 = 0.297 \times 10^3 \, \mathrm{J/(kg \cdot K)}$

酸素の分子量は $M = 32$

$R = 8.314 \times 10^3 / 32 = 0.260 \times 10^3 \, \mathrm{J/(kg \cdot K)}$

空気の分子量は $M = 28.8$

$R = 8.314 \times 10^3 / 28.8 = 0.289 \times 10^3 \, \mathrm{J/(kg \cdot K)}$

演 習 問 題

　以下の問題では，気体はすべて理想気体の状態方程式に従うとする。ガス定数は $8.314 \, \mathrm{J/(mol \cdot K)}$ とし，窒素の分子量を 28，空気の平均分子量を 28.8，水素の分子量を 2 とする。

　〔**2.1**〕　窒素 20 kg，水素 10 kg の混合気体が 20 ℃ で 10 m³ の容器に入っている。容器の圧力を求めなさい。また，窒素と水素の分圧をそれぞれ求めなさい。

　〔**2.2**〕　二つの容器があり，ともに空気が入っている。一方の容器は容積が 0.1 m³，圧力 0.8 MPa，温度 50 ℃，もう一方の容器が容積 0.05 m³，圧力 0.4 MPa，温度 100 ℃ であった。容器から熱が逃げないようにして二つの容器を非常に細いパイプを通してつなげた場合，温度，圧力はどのようになるか表しなさい。空気は，非常に細いパイプを通して移動した場合には仕事をしないと仮定する。

　〔**2.3**〕　直径 10 m の球状の熱気球がある。この中の空気を 100 ℃ に加熱した場合，この熱気球は何 kg のものを持ち上げることができるか求めなさい。気球の周りの空気は，標準大気圧で温度は 20 ℃ とする。

　〔**2.4**〕　20 MPa の空気 0.1 m³ がある。温度が一定のままで圧力を標準大気圧まで下げると体積は何 m³ になるか求めなさい。

　〔**2.5**〕　27 ℃ の空気が 5 m³ ある。圧力を一定にして温度を 300 ℃ にすると体積は何 m³ になるか求めなさい。

　〔**2.6**〕　高さ 200 m，床面積 50 m² のビルの中にある空気は，20 ℃ で何 kg か求めなさい。なお圧力は標準大気圧であるとする。

　〔**2.7**〕　0.05 m³ の容器内の 0.5 kg の窒素ガスの圧力が 1 MPa であるとき，窒素ガスの温度を求めなさい。

3章 熱力学の第1法則

◆本章のテーマ

熱力学の重要な基本法則である熱力学の第1法則（熱量と仕事の総和の保存）について，さまざまな実例に基づいてわかりやすく解説する。気体の内部エネルギーと仕事，外部から吸収する熱量，外部へ放出する熱量について，ピストン内の気体を用いて説明するとともに，気体の定積比熱，定圧比熱について述べる。さらに，気体が流入，流出する開いた系についての熱力学第1法則についても説明し，エンタルピーの定義を述べる。また熱機関やエアコンにおける熱力学第1法則と，熱効率，成績係数についても解説する。

◆本章の構成（キーワード）

3.1 閉じた系の熱力学第1法則と内部エネルギー
    熱力学第1法則，内部エネルギー，準静的過程，一定体積の気体の熱力学第1法則，一定圧力の気体の熱力学第1法則，気体の定積比熱と定圧比熱

3.2 開いた系の熱力学第1法則とエンタルピー
    エンタルピーの減少，気体の持つ熱量と外になす仕事の関係

3.3 実際の熱機関における熱力学第1法則
    熱機関の熱力学第1法則と熱効率，エアコンの熱力学第1法則と成績係数

◆本章を学ぶと以下の内容をマスターできます

☞ 熱量と仕事の総和の保存
☞ 気体の内部エネルギーと熱量と仕事の関係
☞ 気体の定積比熱と定圧比熱の計算方法
☞ エンタルピーと開いた系での仕事の計算方法
☞ 熱機関の効率の計算方法
☞ エアコンの成績係数の計算方法

3.1 | 閉じた系の熱力学第 1 法則と内部エネルギー

　熱力学は二つの法則に基づいて組み立てられている。この二つの法則は理論的に証明できるといったものではなく，私たちがいる自然界がそのような仕組みになっており，それを表したものである。いずれも私たちが日常経験していることであり，合理的なものである。

　熱機関では，容器内にある流体に熱を加えて，その流体の温度が上がるとともに，流体が膨張して外部に仕事をする。この場合，容器内の流体は一様な温度になっていることを仮定する。もちろん，初めの容器内の流体は場所によって温度が違っている場合もある。しかし，ある程度時間が経つと，容器内の流体の温度はどこでも同じになり一様となる。このような状態を**熱平衡状態**（thermal equilibrium）という。

　いったん熱平衡状態ができると，その後は外部から何かしない限り，熱平衡状態が続く。一方，場所によって温度が違っているような状態を**非平衡状態**（non-equilibrium）という。一般に熱力学では非平衡状態も対象とするが，工学的には熱平衡状態を取り扱うのがほとんどであり，本書でも以後，熱的平衡状態のみを取り扱う。

　容器内の流体を暖めたり，膨張させたり，圧縮したりするときも，その変化は非常にゆっくりと起こるとして，つねに容器内の温度は一様であり熱平衡状態であると仮定する。このような変化の過程を**準静的過程**（quasi-static process）と呼ぶ。変化が早いときには準静的過程でなくなるが，以後の説明ではすべての変化の過程が準静的であるとする。

　準静的過程ではその変化を元に戻して，変化の前とまったく同じ状態にすることができる。すなわちどちらの方向でも同じように変化させることができるので，これを**可逆過程**（reversible process）という。このように熱力学ではいろいろと聞きなれない言葉が登場するが，要は，温度が一様な状態のままゆっくりと変化させる場合のみを取り扱うと考えればよい。

　熱力学第 1 法則（the first law of thermodynamics）は，簡単でかつ当然のこ

とを表している。これは熱量と仕事のエネルギーの総和は，全体としてみれば，決して増えたり減ったりせずに一定に保たれるという法則である。容器内の気体に外部から熱を加え，膨張させて仕事をさせる場合，外部の熱量は減るが，容器の内部の熱量は増え，外部に仕事をする。容器内部の熱の増加分と仕事の総和は，外部からもらった熱量に等しい。これが熱力学第1法則である。これを容器内の気体を考えて，定量的に表してみる。

　まず**図3.1**のような密閉された容器内の気体を考える。

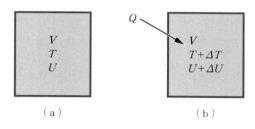

図3.1　密閉された容器内の気体

　図（a）において単位質量の気体は体積 V の容器の中に密閉されており，温度は T である。気体はその温度に相当した熱量を内蔵しており，これを気体の**内部エネルギー**（internal energy）と呼び U で表す。この容器内の気体に，図（b）のように外部から熱量 Q を加える。この熱量により，気体の温度は ΔT だけ増加する。それに対応して気体の内蔵する内部エネルギーも ΔU だけ増加する。熱量と温度の関係から，気体の比熱を C_v とすると，内部エネルギーの増加はつぎのように与えられる。

$$\Delta U = mC_v\Delta T \tag{3.1}$$

ここで C_v は**定積比熱**（specific heat at constant volume）と呼ばれる。

　この場合，この気体の体積は V のまま一定なので，外部に対して仕事をしていない。したがって外部から気体に加えた熱量は，すべて気体の内部エネルギーの増加に費やされる。すなわち

$$Q = \Delta U \tag{3.2}$$

例題3.1

重量1トンの車が毎時50 kmの速度で動いている。これをブレーキを用いて停止させる場合，ブレーキで発生する熱は何Jか求めなさい。

解答

車の運動エネルギーは

$$(1/2)\, mv^2 = 0.5 \times 1\,000 \times (50\,000/3\,600)^2 = 96\,451 \text{ J}$$

これがブレーキで発生する熱となる。

例題3.2

温度が0℃で質量が5 kgの氷を100 mの高さから落下させた。地上に衝突したとき，運動エネルギーがすべて熱エネルギーに変わると仮定すると，何gの氷が融けるか，またこれは元の氷の何%か求めなさい。ただし，氷の**融解熱**（latent heat of fusion）を80 kcal/kgとする。

解答

5 kgの氷が100 mの高さにあるときの位置エネルギー（ポテンシャルエネルギー）は

$$5 \times 9.8 \times 100 = 4\,900 \text{ J}$$

これが運動エネルギーとなり，熱エネルギーに変わり氷を融かすとすると

$$4\,900/(80 \times 10^3 \times 4.185\,5) = 0.014\,6 \text{ kg} = 14.6 \text{ g}$$

の氷が融ける。これは元の氷の量の

$$0.014\,6/5 \times 100 = 0.29 \text{ %}$$

である。

例題3.3

密閉された容器内に3 kgの空気が入っている。この空気に体積一定の下で熱を加えたら，温度が2.8℃上昇した。空気の内部エネルギーの増加量ならびに加えた熱量を求めなさい。

解答 --

　後に述べる例題 3.5 より空気の定積比熱は

　　$174\,\mathrm{cal/(kg \cdot K)} = 727\,\mathrm{J/(kg \cdot K)}$

　3 kg の空気の温度が 2.8 ℃ 上昇した場合の内部エネルギーの増加量は，式（3.1）より

　　$727\,\mathrm{J/(kg \cdot K)} \times 3 \times 2.8 = 6\,107\,\mathrm{J} = 6.107\,\mathrm{kJ}$

　体積一定であるので，加えたエネルギーは内部エネルギーに等しく 6.107 kJ。

　つぎに，**図 3.2**（b）のように，途中に可動ピストンがある容器内において，単位質量の気体に対し，圧力 p を一定に保ち，気体に外部から熱量 Q を加える。これにより気体の内部エネルギーは増加するとともに，気体は膨張して外部に仕事 W をする。体積の増加を ΔV とすると，外部になす仕事 W はつぎのようになる。

　　$$W = p\Delta V \tag{3.3}$$

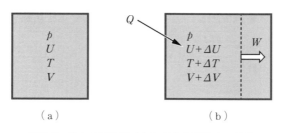

　　　（a）　　　　　　　　　（b）

図 3.2　途中に可動ピストンがある容器内の気体

　また気体の内部エネルギーは ΔU だけ増える。最初に述べたように，外部より加えられた熱量は，内部エネルギーの増加と外部への仕事と等しくなるというのが，熱力学第1法則である。これを式で表すとつぎのようになる。

　　$$Q = \Delta U + W = \Delta U + p\Delta V \tag{3.4}$$

　これが**熱力学第1法則**の数式での表現である。

例題3.4

　圧力を 0.202 6 MPa に保った容器内に 5 kg の窒素が入っている。温度が

0℃のこの窒素に一定圧力の下で 600 J の熱を加えたところ，体積が 0.835 m³増加した。このときの窒素の内部エネルギーの増加量，ならびに外部にした仕事量を求めなさい。また窒素の温度は何℃上昇するか求めなさい。

解答

圧力一定なので，体積が 0.835 m³ 増加した場合の外部になした仕事は
$$p\Delta V = 0.202\,6 \times 10^6 \times 0.835 = 0.169 \times 10^6 \text{ J} = 169 \text{ kJ}$$
式 (3.4) より内部エネルギーの増加量は
$$600 - 169 = 431 \text{ kJ}$$
後に述べる例題 3.5 より窒素の定積比熱は 747 J/(kg·K) であるので，温度の上昇は
$$431 \times 10^3 / (747 \times 5) = 115 ℃$$

図 3.2 の場合，気体の温度が ΔT だけ増加する。熱量 Q は，単位質量の気体に対し，圧力一定の下で温度を ΔT だけ上昇させるのに必要な熱量となる。いま単位質量の気体について，この Q と ΔT の比を**定圧比熱**（specific heat at constant pressure）C_p と呼び，次式で与えられる。

$$C_p = \left(\frac{Q}{\Delta T} \right)\Big|_{p-\text{定}} \tag{3.5}$$

いま内部エネルギーと pV の和を**エンタルピー**（enthalpy）と呼び，H で表す。

$$H = U + pV \tag{3.6}$$

圧力一定の下では

$$\Delta H = \Delta U + p\Delta V \tag{3.7}$$

よって熱力学第1法則は，圧力一定の下ではつぎのように書くことができる。

$$Q = \Delta H \tag{3.8}$$

これから，定圧比熱はつぎのように書くことができる。

$$C_p = \left(\frac{\Delta H}{\Delta T} \right)\Big|_{p-\text{定}} \tag{3.9}$$

よって

$$\Delta H = C_p \Delta T \tag{3.10}$$

式 (3.1) と式 (3.10) を式 (3.7) に入れると

$$C_p \Delta T = C_v \Delta T + p \Delta V \tag{3.11}$$

これらの式は，気体1 mol についても成り立つ。そこで，前章の式 (2.5) を1 mol について考えると

$$pV = R_0 T \tag{3.12}$$

圧力一定の下では

$$p \Delta V = R_0 \Delta T \tag{3.13}$$

この式と式 (3.11) から

$$C_p \Delta T = C_v \Delta T + R_0 \Delta T \tag{3.14}$$

これから，気体の定圧比熱と定積比熱の関係がつぎのように得られる。

$$C_p = C_v + R_0 \tag{3.15}$$

この式 (3.15) は**マイヤーの関係式**（Mayer's relation）と言い，理想気体の性質として重要である。この式は1モル当りの比熱についてなり立つが，1 kg 当りの比熱については

$$C_p = C_v + R \tag{3.16}$$

となる。

気体の**定積比熱**と**定圧比熱**については，水素やヘリウム，アルゴン，窒素，酸素，空気といった，簡単な分子の構造のものについては，気体定数を用いて比較的簡単に与えることができることがわかっている。

ヘリウムやアルゴンなどの一つの原子からなる気体（単原子分子の気体）では，1モル当りの定積比熱 C_v はつぎのように与えられる。

$$C_v = \frac{3}{2} R_0 \tag{3.17}$$

したがって，式 (3.15) から1モル当りの定圧比熱 C_p は

$$C_p = \frac{5}{2} R_0 \tag{3.18}$$

水素や，窒素，酸素などの二つの原子からなる気体では

$$C_v = \frac{5}{2}R_0 \tag{3.19}$$

したがって，式 (3.14) から 1 モル当りの定圧比熱は

$$C_p = \frac{7}{2}R_0 \tag{3.20}$$

である。また定圧比熱と定積比熱の比を，**比熱比**（ratio of specific heats, adiabatic index）と呼んで κ で表すが，単原子分子の気体では

$$\kappa = \frac{C_p}{C_v} = \frac{5}{3} \tag{3.21}$$

2 原子分子の気体では

$$\kappa = \frac{C_p}{C_v} = \frac{7}{5} = 1.4 \tag{3.22}$$

となる。比熱比 κ は以後の章でさまざまな熱力学的な過程での気体の仕事や熱量を計算する上で，重要なパラメータとなる。一般気体定数の値は 2 章で述べたが，これを 1 モル（気体の分子量を M として M〔g〕），1 K 当りの cal で表すと約 2 cal/(mol·K) となり，定積比熱は 1 原子分子では約 3 cal/(mol·K)，2 原子分子では約 5 cal/(mol·K) となり，非常に覚えやすい。

例題3.5

式 (3.17)，式 (3.19) を用いて，アルゴン，窒素，空気の 1 kg 当りの定積比熱を求めなさい。

解答

アルゴンの分子量 $M = 40$，　　1 kg のアルゴンは

1 000/40 = 25 モル，　　単原子分子なので式 (3.17) より

3/2 × 1.99 × 25 = 75 cal/(kg·K) = 314 J/(kg·K)

窒素の分子量は $M = 28$，　　1 kg の窒素は

1 000/28 = 35.7 モル，　　2 原子分子なので式 (3.19) より

5/2 × 1.99 × 35.7 = 179 cal/(kg·K) = 747 J/(kg·K)

空気の分子量は $M = 28.8$，　　1 kg の窒素は

1 000/28＝34.7 モル，　　2 原子分子なので式 (3.19) より

$5/2 \times 1.99 \times 34.7 = 174\,\mathrm{cal/(kg \cdot K)} = 726\,\mathrm{J/(kg \cdot K)}$

例題3.6

圧力 0.2 MPa で温度が 200 ℃の蒸気 1 kg の持つエンタルピーは 2 870 kJ である。蒸気 1 kg の体積は 1.08 m³ である。このとき，この蒸気の内部エネルギーは何 kJ か求めなさい。

解答

式 (3.6) より，内部エネルギーは

$U = H - pV$ であるので，この蒸気の内部エネルギーは

$2\,870 \times 10^3 - 0.2 \times 10^6 \times 1.08 = 2\,654 \times 10^3\,\mathrm{J} = 2\,654\,\mathrm{kJ}$

例題3.7

圧力 0.5 MPa で温度が 100 ℃の空気 57.6 kg が冷却され，圧力 0.8 MPa，温度 20 ℃となった。このときのエンタルピーの減少量を求めなさい。

解答

空気の分子量は 28.8 なので 57.6 kg は 2 000 モル。圧力が 0.5 MPa，温度が 100 ℃の空気の体積は，状態方程式から 12.4 m³。

$p_1 V_1 = 0.5 \times 10^6 \times 12.4 = 6.20 \times 10^6\,\mathrm{J}$

0.8 MPa，20 ℃での体積は，ボイル・シャルルの法則より

$12.4 \times 0.5/0.8 \times 293/373 = 6.09\,\mathrm{m}^3$

よって pV の減少量は，$p_2 V_2 = 4.87 \times 10^6\,\mathrm{J}$ より

$p_1 V_1 - p_2 V_2 = (6.20 - 4.87) \times 10^6\,\mathrm{J} = 1.33 \times 10^6\,\mathrm{J}$ の減少。

また内部エネルギーの減少量は

$\Delta U = C_v \Delta T = 57.6 \times 727 \times (100 - 20) = 3.35 \times 10^6\,\mathrm{J}$

エンタルピーの減少は

$\Delta U + \Delta(pV) = (3.35 + 1.33) \times 10^6\,\mathrm{J} = 4.68 \times 10^6\,\mathrm{J}$

図 3.2, 式 (3.4) で外部からの熱量がない場合には

$$0 = \Delta U + p\Delta V \tag{3.23}$$

よって

$$-\Delta U = p\Delta V \tag{3.24}$$

このことから外部からの熱量がない場合, 容器内に閉じ込められた気体 (これを「**閉じた系**(closed system)」と呼ぶ) が外部へなす仕事は, 内部エネルギーの変化 (減少) に等しいことがわかる。式 (3.24) を定積比熱を用いて書けば

$$C_v\Delta T = -p\Delta V \tag{3.25}$$

この式は, 閉じた系での断熱膨張 (圧力の変化が無視できるようなわずかな膨張) の場合の気体の温度の低下, 断熱圧縮 (圧力の変化が無視できるようなわずかな圧縮) の場合の気体の温度の上昇を与える式となる。

3.2 | 開いた系の熱力学第 1 法則とエンタルピー

つぎに**図 3.3**に示すように, ガスタービンや蒸気タービンのように気体が入口から流れ込み, タービンを回転させる仕事をして出口から出ていく場合を考える。この場合は気体が容器に閉じ込められておらず, つねに流入, 流出して

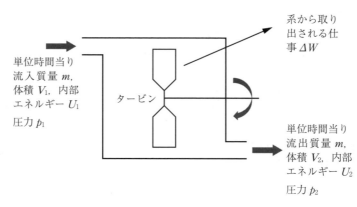

図 3.3 開いた系 (タービン)

いるので「**開いた系**（open system）」と呼ぶ。この容器には定常的に単位時間当り体積 V_1，質量 m，内部エネルギー U_1，圧力 p_1 の気体が流速 u_1 で流入し，等しい質量 m で体積 V_2，内部エネルギー U_2，圧力 p_2 の気体が流速 u_2 で流出しているとする。

　このとき注意しないといけないのは，流入する流体，流出する流体が，容器の内部や，外部に仕事をすることである。容器入口にある流体と，容器の中にある流体の間にピストンがあると考えよう。入口の断面積を A_1 とすると流入気体は1秒当りに u_1 動くので，その圧力 p_1 で（断面積 A_1 での力は $p_1 A_1$）容器の中の流体に仕事をしている。1秒当りに流入する気体の体積は $V_1 = u_1 A_1$ なので，その仕事の量は

$$p_1 A_1 u_1 = p_1 V_1 \tag{3.26}$$

である。したがって，1秒当りに容器に流入する気体の内部エネルギーと容器内の気体になされる仕事の和は

$$U_1 + p_1 V_1$$

となる。一方，容器内の気体は流出するときに外部に対して仕事をする。容器の出口の断面積を A_2 とすると，流入の場合と同様に外部にする仕事は1秒当りに

$$p_2 A_2 u_2 = p_2 V_2 \tag{3.27}$$

である。したがって，容器から流出する気体の内部エネルギーと容器内の気体が外部にする仕事の和は

$$U_2 + p_2 V_2$$

となる。熱力学第1法則により，容器に流入する気体の内部エネルギーと容器内の気体になされる仕事の和から，容器から流出する気体の内部エネルギーと容器内の気体からなされる仕事の和を差し引いたものが，容器内の気体から取り出される仕事すなわちタービンに与えられる仕事となる。これを W とすると

$$W = (U_1 + p_1 V_1) - (U_2 + p_2 V_2) \tag{3.28}$$

　$U + pV$ は気体の**エンタルピー**であるので，このような開いた系から取り出

される仕事は，入口，出口の流体の持つエンタルピーの差となる。

$$W = H_1 - H_2 = \Delta H \tag{3.29}$$

閉じた系では内部エネルギーの減少分が，開いた系ではエンタルピーの減少
分が取り出される仕事となる。このように熱力学第 1 法則は，気体の持つ熱量
と外部になす仕事の関係を求めるために重要な法則であることがわかる。

3.3 　実際の熱機関における熱力学第 1 法則

以上の議論は，熱力学の第 1 法則を，閉じた系，および開いた系の気体につ
いて表現したものであるが，より実際的に**熱機関**（heat engine）の**熱**（heat）
と**仕事**（work）の関係で見てみよう。

自動車のエンジンや蒸気機関などの熱機関は，熱を外部から受け取り（石油
や石炭の燃焼の熱をボイラーから受け取る，ガソリンの燃焼の熱を受け取る），
外部に仕事をして（蒸気タービンを回す，自動車を動かす），余った熱を外部
へ捨てる（蒸気を冷やす，排気ガスを出す）。これを模式的に**図 3.4** に示す。

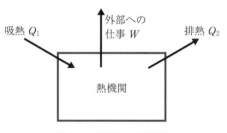

図 3.4　熱機関の模式図

熱力学第 1 法則により，外部から受け取った熱 Q_1 と外部へ捨てた熱 Q_2 お
よび外部になす仕事の関係はつぎのように表される。

$$Q_1 = Q_2 + W \tag{3.30}$$

この式から，外部になす仕事は，受け取った熱量と捨てた熱量の差として求め
られる。

$$W = Q_1 - Q_2 \tag{3.31}$$

外部になす仕事は計算するのが大変な場合が多いが，この式から，受け取った熱量と捨てた熱量がわかれば容易に仕事を計算できる。また，受け取った熱量のうちどれだけを仕事に変えることができるかを表す**熱効率**（thermal efficiency）η も，次式により計算することができる。

$$\eta = \frac{W}{Q_1} = \frac{Q_1 - Q_2}{Q_1} \tag{3.32}$$

このように熱力学第1法則は，熱を仕事に変換する際の計算には非常に有用な法則である。

例題3.8

ある乗用車は毎秒 10 g のガソリンを燃焼し，毎秒 340 kJ の熱を排出しながら走っている。この車のエンジンの馬力数を求めなさい。またこの車のエンジンの効率は何％か。ただし1馬力は 735.5 W とし，ガソリンの発熱量を 44 MJ/kg とする。

解答

ガソリンを毎秒 10 g＝0.01 kg 燃焼させるので，エンジンが受け取る熱量は毎秒

$0.01 \times 44 \times 10^6 = 440$ kJ

外部に捨てる熱量は 340 kJ なので，仕事率 W は

$440 - 340 = 100$ kJ/s＝100 kW

1馬力は 735.5 W なので，この車のエンジンの馬力は

$100/0.735 = 136$ 馬力

このエンジンの熱効率は

$100/440 \times 100 = 23$ ％

例題3.9

100万 kW の重油燃焼の火力発電所がある。この効率（熱エネルギーをタービンの仕事に変え電気にする効率）を 33.3 ％とする。この発電所は1時間当り何 J の熱を発生させ，何 J の熱を外部に捨てているか求めなさい。また重油

の発熱量を 1 kg 当り 1×10^7 cal とするとき，この発電所は 1 時間当り何トンの重油を消費するか求めなさい。

解答 --

効率が 33.3 ％なので発熱率は

  $100 \times 10^6 / 0.333 = 300 \times 10^6$ W,   300 万 kW

1 時間での発熱量は

  $300 \times 10^6 \times 3\,600 = 1.08 \times 10^{11}$ J,   1 080 億ジュール，258 億カロリー

外部に捨てる熱はこの 66.7 ％なので

  1.08×10^{11} J $\times 0.667 = 0.72 \times 10^9$ J,   720 億ジュール，172 億カロリー

重油 1 kg の発熱量は

  $1 \times 10^7 \times 4.185\,5 = 4.185\,5 \times 10^7$ J

なので，1 時間当りの重油の消費量は

  $1.08 \times 10^{11} / 4.185\,5 \times 10^7 = 2\,580$ kg $= 2.58$ トン

　同じようにして，エアコンのような空調機を考えてみる。この場合は熱機関の逆で，**図 3.5** に示すように外部から仕事を行われることによって，冷房の場合には部屋の中の熱を吸収し，屋外に排熱する。暖房の場合は外気から熱を吸収し部屋の中に排熱する。この場合も，仕事と熱の関係は熱力学第 1 法則によって次式のように表される。

$$Q_2 + W = Q_1 \tag{3.33}$$

これから，必要とされる仕事量は

$$W = Q_1 - Q_2 \tag{3.34}$$

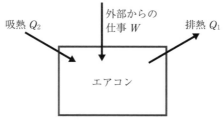

吸熱 Q_2 外部からの仕事 W 排熱 Q_1

エアコン

図 3.5 空調機（エアコン）

で計算でき，また冷房の**成績係数**（coefficient of performance）（どれだけの電気を使って部屋をどれだけ冷やすか）ε_C および暖房の成績係数（どれだけの電気を使って部屋をどれだけ暖めるか）ε_H も，次式により計算できる。

$$\varepsilon_C = \frac{Q_2}{W} = \frac{Q_2}{Q_1 - Q_2} \tag{3.35}$$

$$\varepsilon_H = \frac{Q_1}{W} = \frac{Q_1}{Q_1 - Q_2} \tag{3.36}$$

このように熱力学第1法則は熱と仕事の関係を表し，熱機関の特性を表現することができるが，熱力学第1法則のみではその量的な関係を明らかにすることはできない。

Q_1 も Q_2 も W も，熱力学第1法則を満たす限りは自由に変えることができる。しかしながら，実際の熱機関では熱を仕事に変える効率の上限が存在する。これを与えるのが4章で述べる熱力学第2法則である。

例題3.10

1.2 kW の電力で動くエアコンがある。このエアコンは低温側の熱源から毎時8 600 kcal の熱を吸収することができる。このエアコンが高温側に排出する熱は毎時何 kcal か。またこのエアコンを冷房として働かせるときの成績係数 ε_C，および暖房として働かせるときの成績係数 ε_H を求めなさい。また ε_C，ε_H との間には，どのような関係があるか表しなさい。

解答

1.2 kW は毎時

   $1.2 / 4.185\ 5 \times 3\ 600 = 1\ 032$ kcal

式 (3.33) から高温側に排出する熱量は毎時

   $8\ 600 + 1\ 032 = 9\ 632$ kcal

冷房として働かせるときの成績係数 ε_C は

   $8\ 600 / 1\ 032 = 8.333$

暖房として働かせるときの成績係数 ε_H は

   $9\ 632 / 1\ 032 = 9.333$

ε_C と ε_H の間には

$\varepsilon_C = \varepsilon_H - 1$ の関係が成り立つ。

これは，式 (3.35) と式 (3.36) からも得られる。

演 習 問 題

〔3.1〕 容器内の気体が一定圧力 0.2 MPa で 0.1 m³ 膨張し，外部から 30 kJ の熱を吸収した。気体の内部エネルギーはどれだけ変化したか求めなさい。

〔3.2〕 容器内の気体が圧縮されて 55×10^3 N·m の仕事をされ，外部に 80 kJ の熱を放出した。内部エネルギーはどれだけ変化したか求めなさい。

〔3.3〕 出力が 50 kW のエンジンがある。このエンジンの熱効率は 30 % である。このエンジンが発熱量 40 MJ/kg の燃料を用いているとき，1 時間当りの燃料消費量は何 kg か求めなさい。

〔3.4〕 10 kW で動くエアコンがある。冷房としての成績係数が 6.7 であるとき，1時間当り部屋から何 cal の熱を吸収し，外部に何 cal の熱を捨てているか求めなさい。

〔3.5〕 ある熱機関が 100 kJ の熱を吸収し，74 kJ の熱を外部に捨てている。この熱機関の効率は何%か求めなさい。

〔3.6〕 復水器（蒸気を凝縮させる装置）に流入する蒸気のエンタルピーは 2 500 kJ/kg で，流出する水のエンタルピーは 190 kJ/kg である。蒸気の流量が 25 kg/s であるとき，この復水器の放熱量は何 kW か求めなさい。

〔3.7〕 毎秒 2 kg の空気が 10 kW の圧縮機に流入し圧縮されている。圧縮機は冷却水により毎秒 3.5 kJ で冷却されている。圧縮機の入口と出口での空気 1 kg 当りのエンタルピーの差はどれだけか求めなさい。

〔3.8〕 5 000 kg の水が 0.5 MW のポンプにより閉じた流路内を循環している。流路が完全に断熱され熱が外に逃げないとし，ポンプの仕事がすべて熱に変わるとすると，水は 1 時間に何℃温度上昇するか求めなさい。水の比熱を 4.185 5 kJ/(kg·K) とする。

4章 熱力学の第2法則

◆ 本章のテーマ

熱力学のもう一つの重要な法則である，熱力学第2法則についてわかりやすく解説する。具体的に熱機関の最大効率と熱力学第2法則の関係を述べ，そこからエントロピーの概念を解説する。エントロピーの計算をさまざまな場合について行い，自然現象や熱機関の最大効率がエントロピーを用いて合理的に説明できることを示す。さらに，可逆変化，不可逆変化について，エントロピーを用いて解説する。

◆ 本章の構成（キーワード）

4.1 熱機関の最大効率
    熱力学第2法則と熱機関の最大効率
4.2 エントロピー
    エントロピーの概念，エントロピーを用いた熱力学第2法則の説明，エントロピーを用いた熱機関の最大効率
4.3 可逆変化と不可逆変化
    可逆変化と不可逆変化，熱の移動とエントロピー変化，エアコン，準静的過程
4.4 状態量としてのエントロピー

◆ 本章を学ぶと以下の内容をマスターできます

☞ 熱力学第2法則を熱機関に重きを置いて理解できる
☞ エントロピーを具体的な例に基づいて理解できる
☞ エントロピーと熱力学第2法則との関係を理解できる
☞ 可逆変化，不可逆変化について具体的に理解できる
☞ 熱機関の最大効率を計算できる
☞ エアコンの成績係数の最大値を計算できる

4.1 熱機関の最大効率

　3章では熱力学の第1法則について述べた。ここで再び述べると、**図4.1**に示すように熱機関による熱と仕事の関係はつぎのように表される。

$$Q_1 = Q_2 + W \tag{4.1}$$

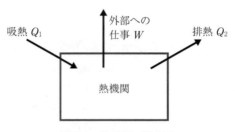

図4.1　熱機関の模式図

　ここで排熱 Q_2 をゼロとすると熱はすべて仕事に変わり、効率は1、すなわち100 %の熱効率となる。

　このようなことは少なくとも熱力学第1法則には違反していないが、私たちの世界では起こりえない。それでは、吸熱と排熱、ならびにそれから決まる仕事の量にはどのような制限があるのだろうか。それを与えるのが**熱力学第2法則**（the second law of thermodynamics）である。

　エンジンや蒸気機関などの熱機関では、熱はガソリンや重油、天然ガスの燃焼などの高温の部分から吸熱される。この高温の部分の温度（絶対温度）を T_1 とする。排熱は、大気や冷却水などの低温の部分に捨てられる。この低温の部分の温度（絶対温度）を T_2 とする。そうすると吸熱 Q_1 と排熱 Q_2 との間にはつぎのような制限がある。

$$\frac{Q_1}{T_1} \leq \frac{Q_2}{T_2} \tag{4.2}$$

　すなわち、排熱 Q_2 は $Q_1 T_2 / T_1$ より小さくすることができない。これが熱力学第2法則である。なぜこのようになるかを証明することは、非常に難しい。私たちのいる自然界がこのような仕組みになっているのである。この法則は、

私たちが日常経験している自然界の現象と矛盾のないものとなっている。

式 (4.1) と式 (4.2) から取り出すことのできる仕事の最大値は

$$W = Q_1 - Q_2 = Q_1\left(1 - \frac{T_2}{T_1}\right) \tag{4.3}$$

となり，熱効率の最大値は

$$\eta = \frac{W}{Q_1} = \left(1 - \frac{T_2}{T_1}\right) \tag{4.4}$$

となる。**熱力学第2法則**は，式 (4.4) のような形で表現することもできる。

例題4.1

高温の熱源の温度を 300 ℃，低温側の熱源の温度を 20 ℃ とするとき，この二つの熱源の間で動かす熱機関の最大の効率を求めなさい。

解答

高温側熱源の絶対温度：　300 + 273 = 573 K

低温側熱源の絶対温度：　20 + 273 = 293 K

式 (4.4) より効率は 1 - (293/573) = 0.489

4.2 エントロピー

以上の熱力学第2法則において重要な量として，式 (4.2) に現れる，移動する熱量（吸熱，排熱）を温度（絶対温度）で割った量が重要な役割を果たしていることがわかる。熱の移動量を温度で割った値を**エントロピー**（entropy）と呼び S で表す。

$$S = \frac{Q}{T} \tag{4.5}$$

このエントロピーを用いて熱機関の関係を見てみると，高温側での吸熱によるエントロピーの変化は熱が減る方向であるので，マイナスを付けて

$$-S_1 = -\frac{Q_1}{T_1} \tag{4.6}$$

低温側では熱が増える方向なので

$$S_2 = \frac{Q_2}{T_2} \tag{4.7}$$

高温側，低温側全体では，式（4.2）の関係から

$$S_2 - S_1 \geqq 0 \tag{4.8}$$

となる。このことは，熱機関をはじめとして，自然界では熱の移動がある場合にはエントロピーの変化はつねに正でなければならないこと意味している。これが熱力学第2法則の別の表現である。

　このことは私たちが日常的に経験していることである。いま部屋の中で暖かい部分と冷たい部分があったとすると，熱は自然に暖かい部分から冷たい部分に移動していくが，逆に冷たい部分から暖かい部分に移動することはない。このとき熱の移動量を Q とし，暖かい部分の温度（絶対温度）を T_1 とし，冷たい部分の温度（絶対温度）を T_2 とする。そうすると暖かい部分から冷たい部分へ熱が移動する場合には，全体としてのエントロピーの変化は

$$\frac{Q}{T_2} - \frac{Q}{T_1} > 0 \tag{4.9}$$

となり熱力学第2法則を満たすが，冷たい部分から暖かい部分へ熱が移動する場合には，全体としてのエントロピーの変化は

$$\frac{Q}{T_1} - \frac{Q}{T_2} < 0 \tag{4.10}$$

となって熱力学第2法則を満たさない。このように，熱力学第2法則は私たちの周りの自然現象を定量的に表すものとなっている。

例題4.2

　25℃の部屋の中に5℃の部屋がある。高温の部屋から5 kcal の熱が低温の部屋の中に移動するとき，二つ部屋の全体でのエントロピーの変化を求めなさい。ただし，熱の移動により二つの部屋の温度は変わらないものとする。

解答

$5\,\mathrm{kcal} = 20.9\,\mathrm{kJ}$

高温の部屋でのエントロピーの変化

$-20.9\,\mathrm{kJ}/(273.15 + 25)\,\mathrm{K} = -0.070\,1\,\mathrm{kJ/K}$

低温の部屋でのエントロピーの変化

$20.9\,\mathrm{kJ}/(273.15 + 5)\,\mathrm{K} = 0.071\,3\,\mathrm{kJ/K}$

全体でのエントロピー変化

$0.071\,3 - 0.070\,1 = 0.001\,2\,\mathrm{kJ/K}$

例題4.3

$0\,℃$の氷$100\,\mathrm{g}$が融けて$0\,℃$の水$100\,\mathrm{g}$になった。このとき氷と水の系のエントロピーの変化を求めなさい。水の融解熱は$80\,\mathrm{cal/g}$とする。

解答

$100\,\mathrm{g}$の氷が融けるのに必要な熱量

$10 \times 80 = 800\,\mathrm{cal} = 2\,248\,\mathrm{J}$

エントロピーは

$2\,248/273.15 = 6.03\,\mathrm{J/K}$

増加する。

また，この熱力学第2法則は温度の厳密な定義を与えるものとなる。式(4.4)により，高温の熱源（絶対温度T_1）と低温の熱源（絶対温度T_2）の間で働く熱機関の効率の最大値を与えたが，まず基準の温度（水の沸点や氷点）をT_1とし，対象とする熱源（温度はT_1よりも低い）の間で効率最大になるような理想的な熱機関を働かせ，そのときの熱効率ηを測定する。このηを用いて式（4.4）から求めた温度T_2が，熱力学的に厳密に定義した低温の熱源の温度（**熱力学温度**（thermodynamic temperature）という）である。

理想的な熱機関を働かせて効率を求めることは，常温，大気圧での水素や窒素，ヘリウムなどの気体の熱膨張を求めることと等価であることがわかってい

る。したがって，気体の膨張を用いた温度計で温度を測定することが，熱力学
的に最も厳密な温度を求めることになる。もちろん，液体の熱膨張を用いて温
度を測定する方法は実用的な精度の面ではまったく問題はないが，厳密には用
いる液体によってわずかに測定する温度が異なってくることがわかっている。

4.3 　可逆変化と不可逆変化

また，熱力学第 2 法則は，私たちの周りで起こる熱の現象の進む方向を決め
る法則でもある。4.2 節に述べたように，私たちのいる自然界では，熱的な現
象はつねにエントロピーの増える方向にしか進まない。すなわち，熱的な現象
の変化が起こり，エントロピーの変化が ΔS である場合には，必ず式 (4.8) が
満たされなければならないことから

$$\Delta S \geq 0 \tag{4.11}$$

となる。

式 (4.11) で等号が成り立つ場合，すなわち

$$\Delta S = 0 \tag{4.12}$$

の場合を**可逆変化**（reversible process），等号が成り立たない場合

$$\Delta S > 0 \tag{4.13}$$

を**不可逆変化**（irreversible process）という。

可逆変化は逆方向の変化で現象を元に戻すことが可能であるが，不可逆変化
では，現象を逆方向に変化させて元に戻すことはできない。4.2 節でも示した
ように，部屋の中で暖かい部分と冷たい部分があったとすると，熱は自然に暖
かい部分から冷たい部分に移動していき，最終的には全体が一様な温度にな
る。このときは式 (4.13) が成り立つ。しかし，一様な温度であった部屋の空
気が，暖かい部分と冷たい部分に分かれることはありえない。

こうしたことを行うためには，エアコン（冷房）を動かして外部から仕事を
与える必要がある。3 章でも述べたように，**図 4.2** に示すエアコンは温度の低
い部分（**低温熱源**（cold source, cold sink），絶対温度 T_2）から Q_2 の熱を吸熱

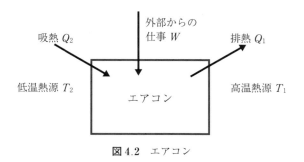

図 4.2 エアコン

して，温度の高い部分（**高温熱源**（hot source），絶対温度 T_1）に Q_1 の熱を排熱するものである。

このとき，熱は温度の低いところから温度の高いところへ運ばれるので，一見するとここで述べた熱力学第 2 法則に反するようにみえる。しかしながら Q_2 と Q_1 をつぎの式

$$\frac{Q_1}{T_1} \geq \frac{Q_2}{T_2} \tag{4.14}$$

を満たすようにしておけば，高温側のエントロピーの増加は Q_1/T_1 であり，低温側のエントロピーの減少は $-Q_2/T_2$ であるので，全体としてのエントロピーは

$$\frac{Q_1}{T_1} - \frac{Q_2}{T_2} \geq 0 \tag{4.15}$$

となり，熱力学第 2 法則を満たしている。この場合は外部から仕事を加えているのであり自然には起こらないが，低温側から高温側への熱の移動が可能となっているのである。

例題4.4

25 ℃の部屋から毎時 8 000 kcal の熱を吸収し，35 ℃の外部に熱を捨てて冷房しているエアコンがある。1 秒当りの部屋のエントロピーの変化を求めなさい。またこのエアコンが熱力学第 2 法則を満たすためには，少なくとも何 kW の仕事をする必要があるか答えなさい。

解答

毎時 8 000 kcal の熱量は毎秒

　8 000×4.185 5/3 600＝9.31 kJ の熱を吸収することになる。

これによる 1 秒当りのエントロピーの変化は

　−9.31/298＝−0.031 2 kJ/K/s

高温側のエントロピーの増加量がこれと等しくなるためには

　0.031 2×308＝9.613 kJ/s の率で熱を捨てる必要がある。

したがって，少なくともこの差に相当する仕事を加える必要があるので

　9.613−9.31＝0.303 kJ/s＝0.303 kW

の仕事が必要となる。

例題4.5

　高温熱源の温度を 300 ℃，低温熱源の温度を 20 ℃とする。高温熱源から毎時 4 MJ の熱を受け取り，仕事をして低温熱源に熱を捨てる熱機関がある。このとき取り出すことのできる仕事の最大値を求めなさい。またこれが式 (4.4) で与えられる最大の効率となることを確認しなさい。

解答

　　高温側熱源の絶対温度：　　300＋273＝573 K

　　低温側熱源の絶対温度：　　 20＋273＝293 K

高温側から受け取る熱量は毎秒

　4×10^6/3 600＝1.11 kJ/s

1 秒当りの高温熱源のエントロピーの変化は

　−1.11/573＝−0.001 94 kJ/K/s

低温熱源のエントロピーの増加量がこれと等しくなるためには，少なくとも 0.001 94×293＝0.567 kJ/s の率で熱を捨てる必要がある。

　したがって得られる仕事の最大値は，高温熱源から受け取る熱量と低温熱源に捨てる最少の熱量の差であるので

　1.11−0.567＝0.543 kJ/s

これが得られる最大の仕事率である。

　したがって最大の効率は

　0.543/1.11＝0.489

これは，例題 4.1 で高温の熱源の温度を 300 ℃，低温側の熱源の温度を 20 ℃ としたときの式（4.4）から求めた最大効率に一致する。

■

このような可逆過程，不可逆過程は，実際の熱機関に用いられるピストンの内部の気体の膨張，収縮でも非常に重要となってくる。

図 4.3 に示すように，いまピストンの内部の理想気体も，ピストンの外も一定の温度 T であり，ピストンがわずかな距離 ΔL 動いたとする。この過程は準静的（すなわち一様な温度を保ちながらゆっくり）に行われ，膨張後もピストンの内部の気体の温度は T であったとする。気体が外部にした仕事 W はつぎのように与えられる。

$$W = p A \Delta L = p \Delta V \tag{4.16}$$

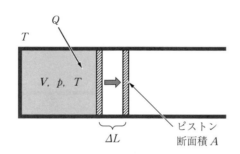

図 4.3　ピストン（可逆過程）

温度は一定に保たれているので，気体の内部エネルギーの変化はない。

$$\Delta U = 0 \tag{4.17}$$

このとき，ピストンの中の気体は外部から Q の熱を受け取る。熱力学第 1 法則により

$$Q = \Delta U + W \tag{4.18}$$

式（4.17）から

$$Q = W \tag{4.19}$$

ピストン内部の気体は Q の熱を受け取ったので，エントロピーの増加量 ΔS_1 は

$$\Delta S_1 = \frac{Q}{T} = \frac{W}{T} = \frac{p \Delta V}{T} \tag{4.20}$$

ピストンの外の部分は Q の熱をピストン内の気体に与えたので，エントロピーの減少量 $-\Delta S_2$ は

$$-\Delta S_2 = -\frac{Q}{T} \tag{4.21}$$

ピストンの内部，外部全体としてのエントロピーの変化は

$$\Delta S_1 - \Delta S_2 = \frac{Q}{T} - \frac{Q}{T} = 0 \tag{4.22}$$

となり，これは可逆過程となる。

　続いて，**図 4.4** に示すように，ピストンを逆向きに動かして元の位置に戻してみる。この場合，ピストンの中の気体は外部から仕事をされるので，仕事の量は負となる。

$$-W = -p A \Delta L = -p \Delta V \tag{4.23}$$

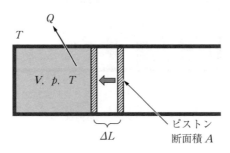

図 4.4　ピストン（エントロピー変化ゼロの
可逆過程）

　また温度が一定なので，内部エネルギーは変化しない。これから熱力学の第 1 法則より，ピストン内部の気体が外部からもらう熱量も負となる。

$$-Q = -W \tag{4.24}$$

　このことから，ピストンの気体は Q の熱量を外部に与えることになる。ピストンの内部の気体は Q の熱を失い，外部は Q の熱をもらうので，全体としてのエントロピーの変化は，次式のとおりゼロである。

$$-\frac{Q}{T}+\frac{Q}{T}=0 \tag{4.25}$$

　この操作によりピストンの体積は元に戻り，温度も圧力も変化しない。一方，外部は膨張のときに Q の熱を失ったが，逆の操作によって Q の熱をもらっている。そして，膨張のときは W の仕事をされたが，逆の操作のときには W の仕事をピストンにしている。したがって，外部も完全に元の状態に戻る。このようにして，エントロピーの変化がゼロの可逆過程では，逆の操作をしてピストンの内部の気体も外部もまったく元と同じ状態に戻すことが可能である。

　似たような変化を，今度は**図4.5**のような場合に考えてみる。この場合は図4.3の場合と違い，ピストンは動かさずに ΔL 離れた場所にもう一つのピストンを置き，二つのピストンの間を真空にしておく。そして内側のピストンに小さな孔をあけ，ピストンの中の気体を二つのピストンの間に放出する。このような過程を**自由膨張**（free expansion）という。この場合，ピストンの中の気体は外部から熱を受け取らず，かつ何の仕事もしていない。ピストンの中の気体の内部エネルギーが変化しないので，温度も変化しない。つまり，ピストンの中の気体はピストンを温度一定の下で，押して膨張した場合とまったく同じ状態になっている。エントロピーは，気体の状態が同じであれば同じになることがわかっている。

　したがって図4.5の場合も，小さな孔から吹き出し外側のピストンまで広がった気体は，図4.3の場合と同じくエントロピーが

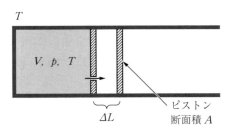

図4.5　ピストン（エントロピー変化が正の
　　　　　不可逆過程）

$$\Delta S_1 = \frac{p\Delta V}{T} \tag{4.26}$$

だけ増えている。一方，外部は熱をピストンの中の気体に与えていないのでエントロピーは減少しない。すなわち

$$-\Delta S_2 = 0 \tag{4.27}$$

よって，内部と外部を合わせた全体のエントロピー変化は

$$\Delta S_1 - \Delta S_2 = \frac{p\Delta V}{T} > 0 \tag{4.28}$$

　この場合は，エントロピーの変化はゼロではなく正の値となる。つまり，これは不可逆変化である。不可逆変化とは，全体の状態を元に戻すことができないことを意味する。

　続いて，**図4.6**のようにして外側のピストンをゆっくり押して，温度一定で体積を V に戻すことを考える。この場合，ピストンの中の気体は外部から仕事をされるので，仕事の量は負となる。

$$-W = -pA\Delta L = -p\Delta V \tag{4.29}$$

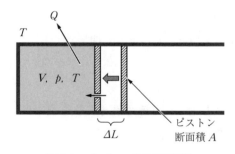

図4.6　ピストン（不可逆過程）

　また温度が一定なので，内部エネルギーは変化しない。これから熱力学の第1法則より，ピストン内部の気体が外部からもらう熱量も負となる。

$$-Q = -W \tag{4.30}$$

　このことから，ピストンの気体は Q の熱量を外部に与えることになる。そうすると外部は，元の状態よりも熱量が Q だけ増えてしまっている。ピストンの中の気体の状態は元に戻るが，外部の状態は元に戻っていない。このこと

から，不可逆過程では現象を逆方向に変化させて状態を元に戻すことはできないことがわかる。

4.4 状態量としてのエントロピー

以上に示したように，エントロピーという量を定義することにより，熱力学の第2法則に関係する私たちの周りの自然界で起こっている現象を定量的に説明することができ，可逆過程，不可逆過程をはっきりと区別することができる。

このように，エントロピーという量は非常に重要な量であるが，一方においてわかりにくい量でもある。温度や体積，圧力といった量は測定器を使って測ることができるが，エントロピーは測定器を用いて測れる量ではない。エントロピーの増減は，図 4.3 と式 (4.20) で示したように可逆過程を通してその増減が計算できるので，こうした計算を通じて基準のエントロピーの値から求めるしかない量である。しかしながらエントロピーは気体の状態のみによって決まる量であるので，状態が同じであればどのような変化の過程を経ていようと同じである。こうした量のことを**状態量**（property, quantity）という。

図 4.5 は，図 4.3 と変化の過程は異なるが，変化した後の状態は同じなので，ピストンの中の気体は同じエントロピーの値を持つ。また内部エネルギーも状態量である。一方，熱量や仕事量は状態量ではない。これは，熱量とか仕事の変化量は，状態の変化の仕方によって異なる値を持つからである。

再び図 4.3 と図 4.5 を比べてみよう。これらの図では，ピストンの中の気体の状態は変化の前と後では異なっておらず同一である。このとき内部エネルギーは図 4.3 の場合でも，図 4.5 の場合でも変化は同じである（変化しない）。一方，熱量の変化と仕事の変化は，図 4.3 の場合にはそれぞれ $-p\Delta V$，$p\Delta V$ であるが，図 4.5 の場合にはいずれもゼロである。すなわち，熱量の変化と仕事の変化は，状態の変化の仕方によって異なるのである。

このことは，数学的にはつぎのように表現される。いま，変数，x, y, z が

あって z が x, y の関数（微分可能な関数）で表されるとする。

$$z = f(x, y) \tag{4.31}$$

このときは，最初の状態を x_1, y_1, z_1, 変化後の状態を x_2, y_2, z_2 とすると，z の変化量 Δz は最初の状態 x_1, y_1 と変化後の状態の x_2, y_2 のみによって決まるから，1 から 2 への経路によらない。

$$\Delta z = z_2 - z_1 = f(x_2, y_2) - f(x_1, y_1) \tag{4.32}$$

このような z のことを状態量と呼ぶ，変化が非常に小さいとき（微小量）であるとき，この変化量は微分量 dz で表すことができ，数学的にはつぎのように表すことができる。

$$dz = \frac{\partial f}{\partial x} dx + \frac{\partial f}{\partial y} dy \tag{4.33}$$

内部エネルギーや圧力，温度，エントロピーは式 (4.33) のように表すことができるが，熱量や仕事は式 (4.33) の形で表すことできない。しかしエントロピーという量を定義することによって，これらの量を微分量に置き換えることが可能となる。すなわち

$$Q = \int T \, dS \tag{4.34}$$

$$W = \int p \, dV \tag{4.35}$$

これによって，以後，熱機関で現れるいろいろな気体の変化の過程での，仕事や熱の変化や物理量の間の関係を，微分，積分を用いて表し，厳密な計算ができるようになる。この意味からも，エントロピーという量は測定できないわかりにくい量ではあるが，熱力学にとってきわめて大切な量である。したがって，これからはこうした微分量としての表記を用いることにする。

演 習 問 題

〔**4.1**〕 100 ℃の水 100 g が沸騰して 100 ℃の蒸気 100 g になった。このときのエントロピーの変化を求めなさい。水の蒸発熱は 539 cal/g とする。

〔**4.2**〕 0 ℃の水 100 g が凍り，0 ℃の氷 40 g と 0 ℃の水 60 g になった。このとき

氷と水の混合物のエントロピーの変化を求めなさい。水の融解熱は 80 cal/g とする。また周囲の空気の温度が -20℃であったとき，周囲の空気のエントロピーの変化を求めなさい。このとき，空気と氷水を合わせたエントロピーの変化はどのようになるか。またもし，周囲の空気の温度が -10℃の場合はエントロピーの変化はどのようになるか答えなさい。

〔4.3〕 25℃の部屋から熱を吸収し，35℃の外部に熱を捨てて冷房しているエアコンがある。このエアコンの電力使用量（仕事量）が 1 kW であるとき，最大で毎時何 cal の熱を部屋から吸収することができるか。また，エアコンの成績係数の上限を求めなさい。

〔4.4〕 -5℃の外気から熱を吸収し，25℃の部屋に熱を毎時 5 000 kcal の供給して暖房しているエアコンがある。このエアコンの電力使用量（仕事量）は少なくとも何 kW 以上必要か。また暖房の成績係数の上限を求めなさい。

〔4.5〕 300℃の高温熱源から毎秒 10 kJ の熱を吸収し，20℃の大気に熱を捨てて仕事を取り出している熱機関がある。熱機関の出力は最大で何 kW か求めなさい。最大出力のとき，高温熱源，ならびに大気の 1 秒当りのエントロピーの変化はそれぞれどれだけか答えなさい。ただし高温熱源も大気も，その温度は熱の移動によって変化しないとする。

〔4.6〕 問題 4.5 で述べた熱機関から得られる動力を用いて，-30℃の冷凍庫から熱を吸収し 20℃大気に熱を捨てている冷凍機がある。冷凍庫から吸収する熱量は最大で何 kW か求めなさい。また，吸収熱量が最大のときの大気，冷凍庫の全体でのエントロピーの 1 秒当りの変化はどのようになるか答えなさい。

〔4.7〕 500℃の高温熱源と 100℃の低温熱源の間で働く熱機関がある。この熱機関の最大効率を求めなさい。また，温度差を一定にし高温熱源の温度を 600℃，低温熱源の温度を 200℃にした場合の最大効率は何％増加するか。これから温度差が一定の場合には，高温熱源の温度が高いのと低いのではどちらが効率がよくなるかを述べなさい。

〔4.8〕 288 g の質量の空気は 100℃，0.5 MPa で $V_1 = 0.006$ m^3 の体積を持つ。この空気を 100℃を保って 0.1 MPa まで減圧し，体積を $V_2 = 0.03$ m^3 まで膨張させた。このとき外部になす仕事は $W = GRT_1 \ln(V_2/V_1)$ で与えられる。ここで T_1 は空気の絶対温度，G は空気の質量，R は空気の気体定数で 0.289×10^3 J/(kg·K) ある。このとき空気のエントロピーの変化量を求めなさい。

ガスサイクル

◆ **本章のテーマ**

　熱力学の重要な応用の一つであるガスを用いた熱機関の特性について，わかりやすく解説する。ピストン内の気体の等圧変化，等温変化，断熱変化について説明し，温度，圧力，体積の変化，仕事の計算方法を示す。これを用いて，ガスを用いた熱機関（ガスサイクル）の代表的な例である，カルノーサイクル，オットーサイクル，ディーゼルサイクル，ブレイトンサイクルについて，仕事，熱の収支，熱効率の計算方法についてわかりやすく解説する。

◆ **本章の構成（キーワード）**

5.1　概　説
　　　熱機関，ガスサイクル
5.2　気体の膨張と圧縮に伴う仕事と熱
　　　等圧膨張，等圧圧縮，等温膨張，
　　　等温圧縮，断熱膨張，断熱圧縮，
　　　等積加熱，等積冷却
5.3　カルノーサイクル
　　　熱効率の最大値，可逆サイクル，
　　　カルノーサイクル

5.4　オットーサイクル
　　　ガソリンエンジン，上死点，下
　　　死点，圧縮比
5.5　ディーゼルサイクル
　　　ディーゼルエンジン，圧縮比
5.6　ブレイトンサイクル（ガスタービンサイクル）
　　　ガスタービン

◆ **本章を学ぶと以下の内容をマスターできます**

☞　気体の膨張と圧縮に伴う仕事と熱のやりとりを，等圧変化，等温変化，断熱変化，等積変化のそれぞれについて計算できる

☞　カルノーサイクル，オットーサイクル，ディーゼルサイクル，ブレイトンサイクルにおける，熱と仕事の収支，熱効率を理解でき，熱機関における，熱収支と仕事，熱効率の計算方法を習得できる

5.1 ｜ 概　　　　説

　熱から仕事を取り出す装置が**熱機関**（heat engine）である。その最初の装置が**外燃機関**（external combustion engine）の蒸気機関であり，その後，ガソリンエンジンなどの**内燃機関**（internal combustion engine）など多くの熱機関が開発された。これらの熱機関はいずれも蒸気や燃焼ガスなどの気体の膨張，収縮に伴う仕事を利用している。また，連続的に熱から仕事を取り出すため，どんな熱機関でもピストンなどの容器に気体を入れ，その状態を変化させて元に戻すという繰り返しを行っている。この繰り返しを熱力学的**サイクル**（cycle）と呼ぶ。

　実際の熱機関では気体が流れ込み，流れ出している。自動車のエンジンでは空気を吸い込み，排気ガスを出している。このように実際の熱機関では開いた系の場合が多いが，熱機関の解析をする場合には，ピストンの中に閉じ込められた気体の膨張，収縮による熱機関を考えたほうが簡単である。閉じた系での結果を開いた系に拡張するのは容易なので，以下に述べる説明でも閉じた系で考える。

　熱力学的サイクル（thermodynamic cycle）には，蒸気機関のように，水と蒸気を用いて液体と気体の相変化（沸騰や凝縮）を利用するサイクルと，ガソリンエンジンやディーゼルエンジンのように空気と燃焼ガスといった気体のみの膨張，収縮を利用する場合がある。前者を気液二相サイクル，後者を**ガスサイクル**（gas cycle）と呼ぶ。

　ガスサイクルは気体だけを用いて，4章までの，熱力学の第1法則，第2法則や理想気体の状態方程式によって，熱機関の解析が非常にきれいな形で行える。また，後で述べるカルノーサイクルのような，熱力学の基本となるものもこのガスサイクルである。したがって，本章ではまずガスサイクルについて説明する。

5.2 | 気体の膨張と圧縮に伴う仕事と熱

　実際の気体の膨張と圧縮はさまざまな形で起こるが，代表的なものでガスサイクルの解析で用いるものは三つのみである。一つは圧力一定の下での膨張，収縮であり，**等圧膨張**（isobaric expansion process），**等圧圧縮**（isobaric compression process）と呼ばれる。二つ目は一定温度の下での膨張と収縮であり，**等温膨張**（isothermal expansion process），**等温圧縮**（isothermal compression process）と呼ばれる。三つ目はピストン内の気体に熱を与えたり奪ったりすることなく，膨張，収縮させるものであり，**断熱膨張**（adiabatic expansion process），**断熱圧縮**（adiabatic compression process）と呼ばれる。それぞれの場合に，気体が外部になす仕事，外部からもらう熱量，外部からなされる仕事，外部に与える熱量が計算できる。

　このような仕事と熱を計算する場合には，二つの図を使う。一つは**図 5.1** に示すように縦軸に圧力 p，横軸に体積 V をとったもので **p-V 線図**（p-V diagram）と呼ばれる。これは仕事の計算に使う。もう一つは**図 5.2** に示すように縦軸に絶対温度 T，横軸にエントロピー S をとったもので **T-S 線図**（T-S diagram）と呼ばれる。これは外部とやり取りする熱量を計算するのに使う。

　p-V 線図は理解しやすいが，T-S 線図はエントロピーがわかりにくいので

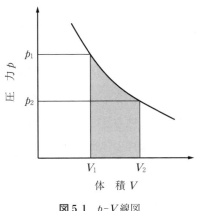

図 5.1　p-V 線図

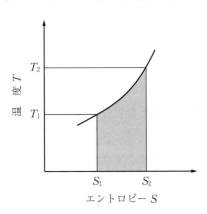

図 5.2　T-S 線図

なかなか理解できないかもしれない。可能ならば，縦軸か横軸に熱量を書いて表したいが，4章でも述べたように熱量は状態量ではなく，熱力学の状態変化の変数として使うことができないので，グラフに書くことができない。したがって，横軸に熱量を温度で割ったエントロピーを用いる。

4章でも述べたように，体積が少しだけ増えた場合の仕事 ΔW は

$$\Delta W = p \Delta V \tag{5.1}$$

である。図5.1に示すように，気体の体積が V_1 から V_2 に変化し，圧力が p_1 から p_2 に準静的に（ゆっくりと）変化する場合には，この少しずつの仕事を足し合わせたもの，すなわち，図5.1のアミかけした部分の面積が，外部にした仕事 W になる。これを数学の積分で表せば

$$W = \sum p \Delta V = \int_{V_1}^{V_2} p \, dV \tag{5.2}$$

となる。

p_1, V_1 のときの温度を T_1 とし，p_2, V_2 のときの温度を T_2 とする。これらは理想気体の状態方程式より決まる。このときの温度とエントロピーの変化が，図5.2のようであったとする。4章で述べたように熱量のわずかな変化 ΔQ は

$$\Delta Q = T \Delta S \tag{5.3}$$

で表されたから（エントロピーの定義），温度が T_1 から T_2 まで変化したときの受け取った全熱量 Q はこの少しずつの ΔQ を足し合わせたもので，図5.2のアミかけした部分の面積となる。これを数式で書くとつぎのようになる。

$$Q = \sum T \Delta S = \int_{S_1}^{S_2} T \, dS \tag{5.4}$$

このように T–S 線図を用いると，ピストンの中の気体が受け取った熱量は面積として計算できる。

この場合，ピストンの中の気体の内部エネルギーの増加量 ΔU は熱力学第1法則より

$$\Delta U = Q - W \tag{5.5}$$

で与えられる。

5.2.1　等圧膨張，等圧圧縮

　まず，一定圧力で膨張する場合の等圧膨張を考える。**図 5.3** に示すように，等圧過程では圧力 p が $p=p_1$ で一定である。体積が V_1 から V_2 まで膨張したときの仕事は，図のアミかけした長方形の面積でありつぎのように与えられる。

$$W=p_1(V_2-V_1) \tag{5.6}$$

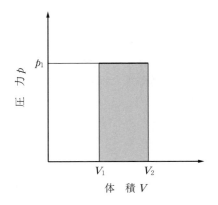

図 5.3　等圧膨張，等圧圧縮の p-V 線図

　この場合，圧力一定であるので，シャルルの法則により温度は体積に比例する。1 kg の気体について考えれば，理想気体の状態方程式から

$$T=\frac{p_1}{R}V \tag{5.7}$$

　体積の膨張とともに外部から熱量を受け取り，温度とエントロピーの関係は**図 5.4** のようになる。ピストン内の気体が受け取った熱量 Q は，この図のアミかけの面積で与えられる。これを数学的に書くと

$$Q=\sum T\varDelta S=\int_{S_1}^{S_2} TdS \tag{5.8}$$

　3 章の熱力学第 1 法則のところで述べたように，体積が少しだけ増加したときの熱量は，いまの場合

$$\varDelta Q=\varDelta U+\varDelta W=\varDelta U+p_1\varDelta V \tag{5.9}$$

　エントロピーおよび内部エネルギーの定義から式 (5.9) は次式で表される。

$$T\varDelta S=C_v\varDelta T+p_1\varDelta V \tag{5.10}$$

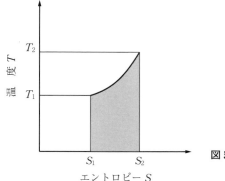

図 5.4 等圧膨張，等圧圧縮の T-S 線図

理想気体の状態方程式を用いて

$$T\Delta S = C_v \Delta T + R\Delta T = (C_v + R)\Delta T \tag{5.11}$$

微分形で表すと

$$T dS = C_v dT + R dT = (C_v + R) dT \tag{5.12}$$

式 (5.8) からアミかけの部分の面積，すなわち熱量を求めると

$$Q = \int_{S_1}^{S_2} T dS = \int_{T_1}^{T_2} (C_v + R) \, dT = (C_v + R)(T_2 - T_1) \tag{5.13}$$

3 章の式 (3.16) のマイヤーの関係式を用いて

$$Q = C_p (T_2 - T_1) \tag{5.14}$$

この結果から，面倒な積分をしなくても，圧力一定の下で温度が T_1 から T_2 に上昇する場合には，熱量は定圧比熱を用いてすぐに得られる。

この場合，内部エネルギーの増加 ΔU は熱力学第 1 法則から

$$\Delta U = Q - W = (C_v + R)(T_2 - T_1) - p_1(V_2 - V_1) \tag{5.15}$$

理想気体の状態方程式を用いると

$$p_1(V_2 - V_1) = R(T_2 - T_1) \tag{5.16}$$

であるから

$$\Delta U = C_v (T_2 - T_1) \tag{5.17}$$

となる。

これは膨張の場合であったが，逆に圧力が一定で体積が V_2 から V_1 に圧縮

される場合は等圧圧縮となり，外部からされる仕事は

$$W = p_1(V_2 - V_1) \tag{5.18}$$

外部に与える熱量は

$$Q = C_p(T_2 - T_1) \tag{5.19}$$

内部エネルギーの減少量 $-\Delta U$ は

$$-\Delta U = -C_v(T_2 - T_1) \tag{5.20}$$

となる。

例題5.1

圧力 0.5 MPa で温度が 100 ℃の空気 57.6 kg がある。これを一定圧力の下で加熱したところ，体積が 2 倍になった。このとき，外部になした仕事，内部エネルギーの増加量，エンタルピーの増加量，外部から受け取った熱量を求めなさい。空気の定積比熱を 727 J/(kg·K) とする。

解答

100 ℃の空気の 57.6 kg の体積は理想気体の状態方程式から 12.4 m³。

$$p_1 V_1 = 0.5 \times 10^6 \times 12.4 = 6.20 \times 10^6 \text{ J}$$

体積が 2 倍になったので 24.8 m³。

外部になした仕事は式 (5.6) より

$$0.5 \times 10^6 \times (24.8 - 12.4) = 6.2 \times 10^6 \text{ J} = 6.2 \text{ MJ}$$

温度はシャルルの法則より

$$T_2 = T_1(V_2/V_1) = 373 \times (24.8/12.4) = 746 \text{ K}$$

内部エネルギーの増加量は式 (5.17) より

$$57.6 \times 727 \times (746 - 373) = 15\,619\,449 = 15.62 \text{ MJ}$$

エンタルピーの増加量は

$$\Delta H = \Delta U + p_1 \Delta V = 15.62 \times 10^6 + 0.5 \times 10^6 \times (24.8 - 12.4) = 21.82 \text{ MJ}$$

外部から受け取った熱量はエンタルピーの増加に等しいので

$$Q = 21.82 \text{ MJ}$$

5.2.2 等温膨張，等温圧縮

つぎに温度が一定で膨張，圧縮する，等温膨張，等温圧縮の状態変化を考える。この場合，温度が一定なので気体はボイルの法則に従い，圧力は体積に反比例する。

$$pV = 一定 \tag{5.21}$$

この場合の p-V 線図，T-S 線図は，**図 5.5**，**図 5.6** のようになる。図 5.5 に示すように，温度が T_1 で一定で体積が V_1 から V_2 まで膨張し，圧力が p_1 から p_2 まで変化したときの仕事は，図のアミかけの面積であり，つぎのように与えられる。

$$W = \int_{V_1}^{V_2} p\,dV = p_1 V_1 \int_{V_1}^{V_2} \frac{1}{V}\,dV = p_1 V_1 \ln \frac{V_2}{V_1} \tag{5.22}$$

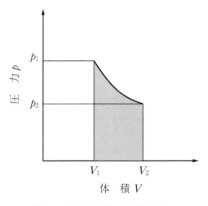

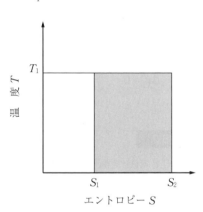

図 5.5 等温膨張，等温圧縮の
p-V 線図

図 5.6 等温膨張，等温圧縮の
T-S 線図

理想気体の状態方程式を用いると，1 kg の気体について

$$W = RT_1 \ln \frac{V_2}{V_1} \tag{5.23}$$

体積の膨張とともに外部から熱量を受け取り，温度とエントロピーの関係は図 5.6 のようになる。ピストン内の気体が受け取った熱量 Q は，この図のアミかけの長方形の面積で与えられる。

$$Q = T_1(S_2 - S_1) \qquad\qquad (5.24)$$

温度が一定であるから，気体の内部エネルギーの変化はゼロである。したがって，熱力学第1法則から

$$Q = W = RT_1 \ln \frac{V_2}{V_1} \qquad\qquad (5.25)$$

$$\Delta U = 0 \qquad\qquad (5.26)$$

逆に，温度が一定で体積が V_2 から V_1 に圧縮される場合は，外部からされる仕事は

$$W = RT_1 \ln \frac{V_2}{V_1} \qquad\qquad (5.27)$$

外部に与える熱量は

$$Q = W = RT_1 \ln \frac{V_2}{V_1} \qquad\qquad (5.28)$$

内部エネルギーの減少量 $-\Delta U$ は

$$-\Delta U = 0 \qquad\qquad (5.29)$$

となる。

例題5.2

圧力 0.8 MPa で温度が 300 ℃ の窒素が 14 kg ある。これを一定温度の下で膨張させ体積が 2.5 倍になった。このとき，外部になした仕事，内部エネルギーの増加量，エンタルピーの増加量，外部から受け取った熱量，エントロピーの増加量を求めなさい。窒素の定積比熱を 747 J/(kg・K) とする。

解答

300 ℃ の窒素 14 kg の体積は状態方程式から 2.977 m³。

体積が 2.5 倍になったので膨張後の体積は 7.441 m³。

膨張後の圧力はボイルの法則により 0.8/2.5 = 0.32 MPa。

$p_1 V_1 = 2.977 \times 0.8 \times 10^6 = 2.38 \times 10^6$ J = 一定。

外部になした仕事は式 (5.23) より，14 kg の窒素について，窒素の分子量は 28 なので

$W = 14 \times 10^3 \times 8.314 / 28 \times (300 + 273) \times \ln(7.441 / 2.977) = 2.18\,\mathrm{MJ}$

温度一定なので内部エネルギーの増加量は 0

エンタルピーの増加量は等温変化で $pV =$ 一定なので

$\Delta H = \Delta U + \Delta(pV) = 0$

熱力学第 1 法則より，外部から受け取った熱量は外部になした仕事に等しい。

$Q = 2.18\,\mathrm{MJ}$

エントロピーの増加量 ΔS は

$\Delta S = Q / T_1 = 2.18 \times 10^6 / 573 = 3\,807\,\mathrm{J/K}$

5.2.3 断熱膨張，断熱圧縮

断熱膨張，断熱圧縮は，気体に外部から熱が加わったり，熱を外部に与えることなく膨張や圧縮を行うものである。この場合，熱力学第 1 法則により

$$0 = \Delta U + p\Delta V \tag{5.30}$$

となり，内部エネルギーの定義から

$$C_v \Delta T = -p\Delta V \tag{5.31}$$

状態方程式を用いて 1 kg の気体について考えると

$$C_v \frac{1}{RT}\Delta T = -\frac{1}{V}\Delta V \tag{5.32}$$

4 章で述べた，理想気体の定圧比熱と定積比熱の関係を表すマイヤーの関係式と，比熱比

$$C_p = C_v + R \tag{5.33}$$

$$\kappa = \frac{C_p}{C_v} \tag{5.34}$$

を用いると

$$\frac{1}{T}\Delta T = -(\kappa - 1)\frac{1}{V}\Delta V \tag{5.35}$$

微分形で表すと

$$\frac{1}{T}dT = -(\kappa - 1)\frac{1}{V}dV \tag{5.36}$$

両辺を積分して

$$\ln T = \ln V^{-(\kappa-1)} \qquad (5.37)$$

これから

$$TV^{(\kappa-1)} = 一定 \qquad (5.38)$$

これが断熱膨張，断熱圧縮のときの温度と体積の関係を表す式である。理想気体の状態方程式を用いて，断熱変化のときの圧力と体積ならびに温度と圧力の関係を求めると，つぎのようになる。

$$pV^{\kappa} = 一定 \qquad (5.39)$$

$$Tp^{-\frac{\kappa-1}{\kappa}} = 一定 \qquad (5.40)$$

ここで，κ の値は単原子からなる気体では $5/3$，2 原子からなる気体では $\kappa = 1.4$ である。

断熱膨張の場合を考え，初めに p_1，V_1，T_1 の状態にあった気体が p_2，V_2，T_2 になったとする。$p\text{-}V$ 線図と $T\text{-}S$ 線図は**図 5.7**，**図 5.8** のようになる。

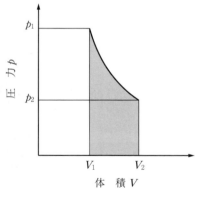
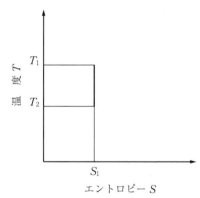

図 5.7 断熱膨張，断熱圧縮の　　　　**図 5.8** 断熱膨張，断熱圧縮の
　　　　$p\text{-}V$ 線図　　　　　　　　　　　　　　$T\text{-}S$ 線図

図 5.7 に示すように断熱状態で体積が V_1 から V_2 まで膨張し，圧力が p_1 から p_2 まで変化したときの仕事は，図のアミかけの面積であり，つぎのように与えられる。

$$W = \int_{V_1}^{V_2} p \, dV = p_1 V_1^\kappa \int_{V_1}^{V_2} \frac{1}{V^\kappa} dV = \frac{p_1 V_1^\kappa}{\kappa - 1} \left(V_1^{1-\kappa} - V_2^{1-\kappa} \right) = \frac{p_1 V_1 - p_2 V_2}{\kappa - 1}$$

$$= \frac{R}{\kappa - 1} \left(T_1 - T_2 \right)$$

$$= \frac{p_1 V_1}{\kappa - 1} \left\{ 1 - \left(\frac{V_1}{V_2} \right)^{\kappa - 1} \right\}$$

$$= \frac{p_1 V_1}{\kappa - 1} \left\{ 1 - \left(\frac{p_2}{p_1} \right)^{\kappa - 1/\kappa} \right\}$$

(5.41)

断熱膨張の場合，温度とエントロピーの関係は図 5.8 のようになる。断熱であるのでエントロピーは変化せず，面積はゼロとなり，当然のことながらピストン内の気体が受け取った熱量 Q はゼロである。

$$Q = 0 \tag{5.42}$$

エネルギーの第 1 法則より，断熱膨張であるので，内部エネルギーの減少量（$-\Delta U$）は外部にした仕事に等しい。また，これは T_1 から T_2 への温度の低下に定積比熱をかけた量となる。

$$-\Delta U = W = C_v \left(T_1 - T_2 \right) \tag{5.43}$$

逆に，断熱圧縮で初めに p_2, V_2, T_2 の状態にあった気体が p_1, V_1, T_1 に圧縮される場合は，外部からされる仕事は

$$W = -\int_{V_2}^{V_1} p \, dV = -p_1 V_1^\kappa \int_{V_2}^{V_1} \frac{1}{V^\kappa} dV = \frac{p_1 V_1^\kappa}{\kappa - 1} \left(V_1^{1-\kappa} - V_2^{1-\kappa} \right) = \frac{p_1 V_1 - p_2 V_2}{\kappa - 1}$$

$$= \frac{R}{\kappa - 1} \left(T_1 - T_2 \right)$$

$$= \frac{p_1 V_1}{\kappa - 1} \left\{ 1 - \left(\frac{V_1}{V_2} \right)^{\kappa - 1} \right\}$$

$$= \frac{p_1 V_1}{\kappa - 1} \left\{ 1 - \left(\frac{p_2}{p_1} \right)^{\kappa - 1/\kappa} \right\}$$

(5.44)

外部に与える熱量は

$$Q = 0 \tag{5.45}$$

内部エネルギーの増加量 ΔU は

$$\Delta U = W = C_v(T_1 - T_2) \tag{5.46}$$

となる。

例題5.3

　圧力 1 MPa で温度が 20 ℃ の空気が 14.4 kg ある。これを断熱膨張させ圧力が 0.1 MPa となった。このとき，膨張後の温度と体積，外部になした仕事，内部エネルギーの減少量，エンタルピーの減少量，外部から受け取った熱量，エントロピーの増加量を求めなさい。空気の定積比熱を 727 J/(kg・K)，比熱比 κ を 1.4 とする。

解答

　空気 14.4 kg は 1 MPa，100 ℃ での体積は状態方程式より 1.55 m^3。
　　式 (5.38) より $1 \times 1.55^{1.4} = 0.1 \times V^{1.4}$，膨張後の体積は $V = (1.55^{1.4}/0.1)^{1/1.4} =$ 8.03 m^3。
　　式 (5.39) より $373 \times 1^{-0.4/1.4} = T \times (0.2)^{-0.4/1.4}$
　　$T = 373 \times (0.2)^{-0.4/1.4} = 235$ K　（-38 ℃）
　外部になした仕事は内部エネルギーの減少量と等しく，式 (5.46) により
　　$727 \times (373 - 235) \times 14.4 = 1.44$ MJ
　　$p_1 V_1 = 1 \times 10^6 \times 1.55 = 1.55 \times 10^6$ J，　　　$p_2 V_2 = 0.1 \times 10^6 \times 8.03 = 0.803 \times 10^6$ J
　　$\Delta(pV) = 0.75 \times 10^6$ J $= 0.75$ MJ
　内部エネルギーの減少と合わせてエンタルピーの減少量は
　　$1.44 + 0.75 = 2.19$ MJ
　断熱膨張なので外部から受け取った熱量は 0，したがってエントロピーの増加量も 0。

例題5.4

　ディーゼルエンジンでは，燃焼室の空気の温度を断熱圧縮により 500 ℃ 以上にして燃料を燃焼させる。大気圧 0.101 3 MPa で温度が 20 ℃ の空気を吸入して，これを 500 ℃ まで断熱圧縮するためには，圧縮比（エンジンのシリンダーの最大の容積と最少の容積の比）をどれだけ以上にする必要があるか。また，

シリンダーの最大容積が2リットルであるとき，最少の容積はどれだけか求めなさい。空気の比熱比 κ を 1.4 とする。

解答

500 ℃は 773 K，20 ℃は 293 K，最初の体積は2リットル＝0.002 m³, として式 (5.38) を用いると，$\kappa - 1 = 0.4$ だから，最少容量 V は

$$293 \times (0.002)^{0.4} = 773 \, V^{0.4}$$
$$V = 0.002 \times (293/773)^{2.5} = 0.000\,177 \, \text{m}^3 = 0.177 \, \text{リットル}$$

圧縮比は $2/0.177 = 11.3$

5.2.4 等積加熱，等積冷却

等積加熱（isochoric heating process）と**等積冷却**（isochoric cooling process）は膨張，圧縮ではないが，ガスサイクルにおいて気体を加熱，冷却する場合に用いられることのある過程である。体積を一定 V_1 に保って，温度を T_1 から T_2 に増加させる，すなわち加熱する場合と，温度を T_2 から T_1 へ減少させる，すなわち冷却する場合がある。この場合，圧力はシャルルの法則に従い，温度に比例する。

$$\frac{p_1}{T_1} = \frac{p_2}{T_2} \tag{5.47}$$

この場合の p-V 線図，T-S 線図は**図 5.9**，**図 5.10** のようになる。

図 5.9 に示すように体積一定であるので，外部に仕事はしないし，外部から仕事はされない。p-V 線図での面積はゼロである。

体積が変化しないので外部への仕事はなく，熱力学第1法則により外部から加わった熱は，すべて内部エネルギーの増加になる。

$$Q = \Delta U \tag{5.48}$$

エントロピーおよび内部エネルギーの定義から

$$T\Delta S = C_v \Delta T \tag{5.49}$$

微分形で表すと

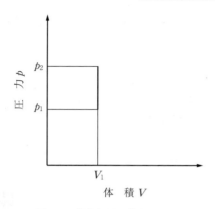

図 5.9　等積加熱，等積冷却の
p-V 線図

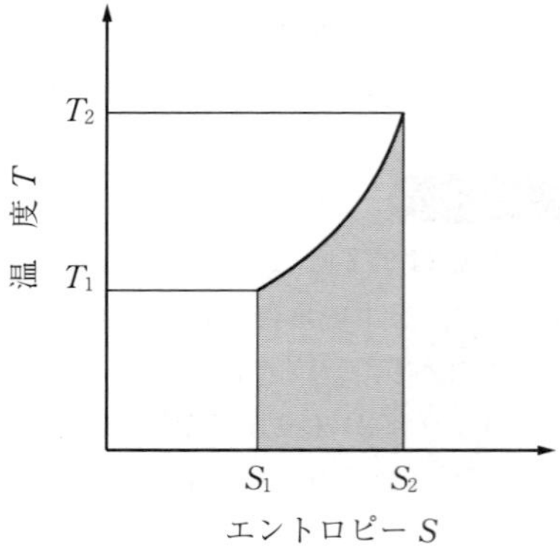

図 5.10　等積加熱，等積冷却の
T-S 線図

$$TdS = C_v dT \tag{5.50}$$

式 (5.49) からアミかけの部分の面積，すなわち熱量を求めると

$$Q = \int_{S_1}^{S_2} TdS = \int_{T_1}^{T_2} C_v dT = C_v(T_2 - T_1) \tag{5.51}$$

内部エネルギーの増加 ΔU は外部から与えられた熱量に等しい。

$$\Delta U = Q = C_v(T_2 - T_1) \tag{5.52}$$

圧力の変化量は，理想気体の状態方程式より

$$p_2 - p_1 = \frac{R}{V_1}(T_2 - T_1) \tag{5.53}$$

逆に，体積一定の下で温度と T_2 から T_1 まで下げた（冷却した場合）は，外部に与える熱量は

$$Q = -\int_{S_2}^{S_1} TdS = -\int_{T_2}^{T_1} C_v dT = C_v(T_2 - T_1) \tag{5.54}$$

内部エネルギーの減少量（$-\Delta U$）は

$$-\Delta U = C_v(T_2 - T_1) \tag{5.55}$$

となる。

5.3 カルノーサイクル

カルノーサイクル（Carnot cycle）はガスサイクルの最も基本的なものであり，熱力学の第2法則を表現する理論上の熱機関である。カルノーサイクルを用いた実際の熱機関は存在しない。カルノーサイクルは，温度 T_1 の高温熱源から熱を受け取り温度 T_2 の低温熱源に捨てることにより，外部に仕事をして，その熱効率が，熱力学第2法則が与える最大値

$$\eta = \frac{W}{Q_1} = 1 - \frac{T_2}{T_1} \tag{5.56}$$

と等しくなるような熱機関である。

カルノーサイクルも含めガスサイクルを考えるときにも，気体の膨張と収縮を考えた場合と同じく，p-V 線図と T-S 線図を用いる。カルノーサイクルの p-V 線図と T-S 線図は，**図 5.11**，**図 5.12** のようになる。

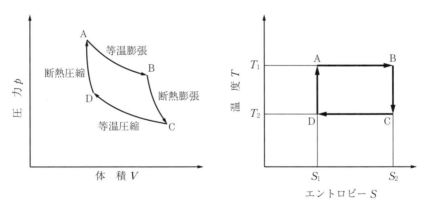

図 5.11 カルノーサイクルの p-V 線図 　　**図 5.12** カルノーサイクルの T-S 線図

カルノーサイクルは，4つの膨張，圧縮過程からなる。

　A → B：等　温　膨　張

　B → C：断　熱　膨　張

　C → D：等　温　圧　縮

　D → A：断　熱　圧　縮

A → B の等温膨張では，温度 T_1 で等温膨張し，外部から熱を受け取り，外部に仕事をする。

B → C の断熱膨張では，外部に仕事をして，温度が T_2 に下がる。

C → D の等温圧縮では，温度 T_2 で等温圧縮され，外部から仕事をされ，外部に熱を捨てる。

D → A の断熱圧縮では，外部から仕事をされ，温度が T_1 に上昇する。

それぞれの過程での温度とエントロピーの変化を表したものが，図 5.12 である。図 5.12 から等温膨張の際に外部から受け取る熱量 Q_1 は長方形 ABS_2S_1 の面積であり，つぎのように与えられる。

$$Q_1 = T_1(S_2 - S_1) \tag{5.57}$$

また，等温圧縮の際に外部へ捨てる熱量 Q_2 は長方形 CDS_1S_2 の面積であり，つぎのように与えられる。

$$Q_2 = T_2(S_2 - S_1) \tag{5.58}$$

熱力学第 1 法則により，このカルノーサイクルが外部になす正味の仕事 W（外部になした仕事から外部からなされた仕事を引いたもの）は，受け取った熱量と捨てた熱量の差であるので

$$W = Q_1 - Q_2 = (T_1 - T_2)(S_2 - S_1) \tag{5.59}$$

これからカルノーサイクルの熱効率は

$$\eta = \frac{W}{Q_1} = \frac{(T_1 - T_2)(S_2 - S_1)}{T_1(S_2 - S_1)} = 1 - \frac{T_2}{T_1} \tag{5.60}$$

となり，熱力学第 2 法則の与える熱効率の最大値となる。このようにカルノーサイクルの熱効率は初期の体積や圧力に関係なく，高温熱源と低温熱源の温度のみで決定され，それが熱力学第 2 法則の与える最大値となることが容易に示される。この場合には，5.2 節で述べたような膨張，圧縮過程での仕事を計算する必要はない。

具体的に A から D までの各過程の等温膨張，断熱膨張，等温圧縮，断熱圧縮の仕事を先に述べた方法で計算し，外部へなした正味の仕事を求め，熱効率

を計算すると式 (5.60) となる。熱力学の第 1 法則と第 2 法則を使うことにより，こうした面倒な計算をすることなく熱効率を求めることができるのである。

また，A → B の等温膨張，B → C の断熱膨張，C → D の等温圧縮，D → A の断熱圧縮はすべて可逆過程であるので，カルノーサイクルも可逆サイクルである。これはどのようなことを意味しているかというと，カルノーサイクルを逆に動かす（図 5.11 と図 5.12 で，すべての過程の矢印を反対方向にして膨張を圧縮に，圧縮を膨張にする）ことによって，外部から W の仕事をされて，低温熱源から熱量 Q_2 を吸収して，高温熱源に Q_1 の熱量を捨てることができる。これによって，ピストンの中の気体も外部もまったく初期の状態と同じにすることができる。

例題5.5

高温熱源 300 ℃，低温熱源 20 ℃で動く空気を用いたカルノーサイクルがある。このカルノーサイクルの熱効率を求めなさい。また断熱膨張のときの圧力比（膨張前の圧力と膨張後の圧力の比），体積比（膨張前の体積と膨張後の体積の比）を求めなさい。空気の比熱比 κ を 1.4 とする。

解答

高温熱源の温度 573 K，低温熱源の温度 293 K であり，効率は式 (5.59) により
$$1 - (293/573) = 0.489 = 48.9\,\%$$
膨張前の圧力を p_1，膨張後の圧力を p_2 とすると $(\kappa-1)/\kappa = 0.286$ なので，式 (5.40) より
$$573 \times p_1^{-0.286} = 293 \times p_2^{-0.286}$$
$$p_1/p_2 = (573/293)^{1/0.286} = 10.45$$
膨張前の体積を V_1，膨張後の体積を V_2 とすると $\kappa-1 = 0.4$ なので
$$573 \times V_1^{0.4} = 293 \times V_2^{0.4}$$
$$V_1/V_2 = (293/573)^{2.5} = 0.187$$

5.4 │ オットーサイクル

オットーサイクル（Otto cycle）は，ガソリンエンジンを理想化した熱力学サイクルである。**図5.13** に示すように，ガソリンエンジンは**シリンダー**（cylinder）の中を**ピストン**（piston）が上下に動き，ガソリンの燃焼の熱を仕事に変えている。ピストンがシリンダーの最下端にある位置を**下死点**（bottom dead center）と呼び，そのときのシリンダーの体積を V_1，ピストンがシリンダーの最上端にある位置を**上死点**（top dead center）と呼び，そのときの体積を V_2 とする。

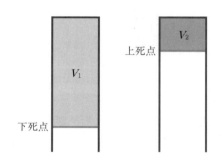

図5.13　ピストンの動きと
上死点・下死点

　外から取り込んだ空気をピストンが下死点から上死点に動くことによって断熱圧縮し，その状態で一定体積のまま空気とガソリンの**予混合気**（premixed charge gas）に**火花点火**（spark ignition）して**燃焼**（combustion）させ，ガスの温度を上昇させる。高温になった**燃焼ガス**（burned gas）は，断熱膨張してピストンを押し下げて外部に仕事をし，燃焼ガスは一定体積で冷却され元の状態に戻る。

　オットーサイクルの p–V 線図を**図5.14** に，T–S 線図を**図5.15** に示す。

　オットーサイクルは，つぎの過程から構成される。

　　1 → 2　取り込んだ空気の断熱圧縮

　　2 → 3　燃焼による熱の受け取り（等積加熱）

　　3 → 4　断熱膨張（外部への仕事）

　　4 → 1　外部への熱の排出（等積冷却）

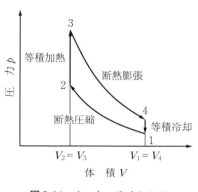

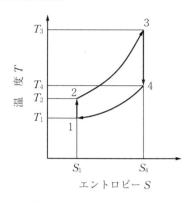

図 5.14 オットーサイクルの
p-V線図

図 5.15 オットーサイクルの
T-S線図

実際は 4 → 1 で燃焼ガスが排気され，新しい空気が取り込まれているが，サイクルを考える上では上記の過程（閉じたサイクル）を考えればよい。1，2，3，4 の各点での温度を T_1, T_2, T_3, T_4，体積を V_1, V_2, V_3, V_4 とする。

外部からの熱の受け取りと外部への熱の排出は，いずれも等積加熱と等積冷却で行われるので，熱量の計算は T-S線図を用いなくても各点の温度を用いて簡単に行うことができる。外部から熱を受け取る過程は 2 → 3 の過程であり，受け取る熱量 Q_1 は

$$Q_1 = C_v (T_3 - T_2) \tag{5.61}$$

で与えられる。外界へ熱を排出する過程は 4 → 1 の過程であり，排出する熱量 Q_2 は

$$Q_2 = C_v (T_4 - T_1) \tag{5.62}$$

で与えられる。熱力学第 1 法則より，外部へなす正味の仕事 W は次式で与えられる。

$$W = Q_1 - Q_2 \tag{5.63}$$

したがって，オットーサイクルの効率 η_{th} は

$$\eta_{th} = \frac{Q_1 - Q_2}{Q_1} = 1 - \frac{T_4 - T_1}{T_3 - T_2} \tag{5.64}$$

ただし，この式では T_1, T_2, T_3, T_4 がわからないと効率が計算できない。T_1 は外部から取り込む空気温度であるのでおおよその値はわかるが，そのほかの温度はガソリンの燃焼によるもので計算するのは難しい。また，必要なのは温度の値そのものではなく，温度の比である。幸いなことに，$1 \rightarrow 2$ と $3 \rightarrow 4$ の過程は断熱圧縮，断熱膨張であると仮定していることから，下死点と上死点の体積（これはエンジンの設計から決まっている）から温度の比がわかる。5.2 節で述べた断熱膨張，断熱圧縮の関係式から

$$T_1 V_1^{\kappa-1} = T_2 V_2^{\kappa-1} \tag{5.65}$$

$$T_3 V_3^{\kappa-1} = T_4 V_4^{\kappa-1} \tag{5.66}$$

が成り立つ。また $2 \rightarrow 3$ と $4 \rightarrow 1$ の過程は等積加圧と等積冷却であるので，体積は変わらないから

$$V_2 = V_3 \tag{5.67}$$

$$V_4 = V_1 \tag{5.68}$$

以上の式を用いてつぎの式が得られる。

$$\frac{T_4 - T_1}{T_3 - T_2} = \left(\frac{1}{V_1/V_2}\right)^{\kappa-1} = \left(\frac{1}{\varepsilon}\right)^{\kappa-1} \tag{5.69}$$

ここで，ε は **圧縮比**（compression ratio）と呼ばれるもので

$$\varepsilon = \frac{V_1}{V_2} \tag{5.70}$$

である。これを用いて，オットーサイクルの熱効率はつぎのように与えられる。

$$\eta_{th} = 1 - \frac{T_4 - T_1}{T_3 - T_2} = 1 - \left(\frac{1}{\varepsilon}\right)^{\kappa-1} \tag{5.71}$$

このようにして，等積加熱，等積冷却，断熱膨張，断熱圧縮の式を用いて，オットーサイクルの熱効率が計算できる。実際のガソリンエンジンは厳密にはオットーサイクルとは少し異なるが，ここで得られた効率の関係式は，ガソリンエンジンの特性を理解し設計を行うには十分である。式 (5.71) を $\kappa = 1.4$（ガソリンエンジンでは空気を使うので酸素と窒素の二原子分子気体）として

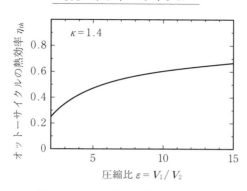

図5.16 $\kappa = 1.4$ として求めた圧縮比と
熱効率の関係

計算して，圧縮比と熱効率の関係を求めたのが**図5.16**である。

オットーサイクルの熱効率は，圧縮比が大きいほどよくなる。しかし，ガソリンエンジンなどでは圧縮比をあまり大きくすると空気が断熱圧縮で高温になりすぎ，プラグによる点火よりも早く燃焼する（早期着火）ことや，ノッキングと呼ばれる異常な燃焼を起こして，エンジンの性能が悪くなり，劣化や損傷が起こるので，実際のエンジンでは圧縮比をあまり高くすることはできない。

例題5.6

空気を動作ガスとするオットーサイクルがある。圧縮比が8であるとき理論熱効率を求めなさい。またこのオットーサイクルの最低温度が30℃，最高温度が1600℃であるとき，断熱膨張の終わりの温度を求めなさい。またこれと同じ効率のカルノーサイクルの場合の高温側の温度は何度となるか（低温側の温度を30℃としたとき）答えなさい。空気の比熱比 κ を1.4とする。

解答

圧縮比は8であり，$\kappa - 1 = 0.4$ なので，式（5.71）より理論熱効率は
$$1 - (1/8)^{0.4} = 0.564 = 56.4\%$$
最低温度 $T_1 = 303\,\mathrm{K}$，最高温度 $T_3 = 1\,873\,\mathrm{K}$
T_2 は T_1 と断熱圧縮の式（5.65）から求められる。$\kappa - 1 = 0.4$ なので
$$T_2 = T_1(V_1/V_2)^{0.4} = 303 \times 8^{0.4} = 696\,\mathrm{K}$$

$T_3 - T_2 = 1\,177$ K

式 (5.69) から $T_4 - T_1 = (T_3 - T_2)(1/8)^{0.4} = 1\,177 \times (1/8)^{0.4} = 512$ K

これから断熱膨張終わりの温度 T_4 は

$T_4 = 512 + 303 = 815$ K $= 542$ ℃

カルノーサイクルの高温側の温度を T_H とすると

$0.564 = 1 - (303 / T_H)$

$T_H = 303 / (1 - 0.564) = 696$ K $= 423$ ℃

5.5 | ディーゼルサイクル

　オットーサイクルはガソリンエンジンを理想化したものであったが，同様に**ディーゼルサイクル**（Diesel cycle）はディーゼルエンジンを理想化した熱力学サイクルである。ディーゼルエンジンの特徴は，断熱圧縮によって空気を高温にし，それに燃料を噴霧状に噴射して**自己着火**（auto-ignition）して燃焼させ，その熱から仕事を取り出すものである。シリンダーの体系はガソリンエンジンと同様，図5.13のように下死点と上死点があり，そこでの体積の比が圧縮比となる。

　ディーゼルサイクルの p-V 線図を**図5.17**に，T-S 線図を**図5.18**に示す。

　ディーゼルサイクルはつぎの過程から構成される。

　　$1 \rightarrow 2$　取り込んだ空気の断熱圧縮

　　$2 \rightarrow 3$　燃焼による熱の受け取りと等圧膨張

　　$3 \rightarrow 4$　断熱膨張（外部への仕事）

　　$4 \rightarrow 1$　外部への熱の排出（等積冷却）

　実際は $4 \rightarrow 1$ で燃焼ガスが排気され，新しい空気が取り込まれているが，サイクルを考える上では上記の過程（閉じたサイクル）を考えればよい。ガソリンエンジンは着火と燃焼がほぼ一瞬であるが，ディーセルエンジンでは一定の圧力下で燃焼が時間をかけて進み，ピストンを押しながら一定圧力で燃焼す

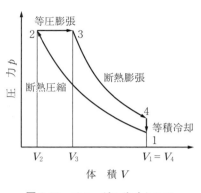

図5.17 ディーゼルサイクルの
p-V線図

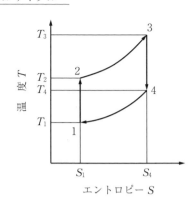

図5.18 ディーゼルサイクルの
T-S線図

る。1, 2, 3, 4の各点での温度を T_1, T_2, T_3, T_4, 体積を V_1, V_2, V_3, V_4 とする。

　外部からの熱の受け取りと外部への熱の排出は，いずれも等圧加熱と等積冷却で行われるので，熱量の計算は T-S線図を用いなくても各点の温度を用いて簡単に行うことができる。外部から熱を受け取る過程は $2 \rightarrow 3$ の過程であり，等圧膨張しながら熱を受け取るので，受け取る熱量 Q_1 は定圧比熱を用いて

$$Q_1 = C_p(T_3 - T_2) \tag{5.72}$$

で与えられる。外界へ熱を排出する過程は $4 \rightarrow 1$ の過程であり，排出する熱量 Q_2 は

$$Q_2 = C_v(T_4 - T_1) \tag{5.73}$$

で与えられる。熱力学第1法則より外部へなす正味の仕事 W は次式で与えられる。

$$W = Q_1 - Q_2 \tag{5.74}$$

したがって，ディーゼルサイクルの熱効率 η_{th} は

$$\eta_{th} = \frac{Q_1 - Q_2}{Q_1} = 1 - \frac{1}{\kappa} \frac{T_4 - T_1}{T_3 - T_2} \tag{5.75}$$

で与えられる。この場合も，この式では T_1, T_2, T_3, T_4 がわからないと効率が計算できない。T_1 は外部から取り込む空気の温度であるのでおおよその値はわかるが，そのほかの温度は燃料の燃焼によるもので，計算するのは難しい。また，必要なのは温度の値そのものではなく，温度の比である。オットーサイクルの場合と同様，$1 \rightarrow 2$ と $3 \rightarrow 4$ の過程は断熱圧縮，断熱膨張であると仮定していることから，下死点と上死点の体積（これはエンジンの設計から決まっている）から，温度の比がわかる。5.2 節で述べた断熱膨張，断熱圧縮の関係式から

$$T_1 V_1^{\kappa-1} = T_2 V_2^{\kappa-1} \tag{5.76}$$

$$T_3 V_3^{\kappa-1} = T_4 V_4^{\kappa-1} \tag{5.77}$$

が成り立つ。また $4 \rightarrow 1$ の過程も等積冷却であるので，体積は変わらないから

$$V_4 = V_1 \tag{5.78}$$

一方，$2 \rightarrow 3$ の過程は等圧膨張であるので，シャルルの法則から

$$\frac{T_2}{V_2} = \frac{T_3}{V_3} \tag{5.79}$$

ここで，等圧膨張比（**噴射比**（cut-off ratio）とも呼ばれる）σ を次式で定義する。

$$\sigma = \frac{V_3}{V_2} \tag{5.80}$$

これらを用いて，式 (5.75) の熱効率 η_{th} を圧縮比 ε と等圧膨張比 σ を用いて表すと

$$\eta_{th} = 1 - \left(\frac{1}{\varepsilon}\right)^{\kappa-1} \frac{\sigma^\kappa - 1}{\kappa(\sigma - 1)} \tag{5.81}$$

ディーゼルサイクルの効率は，オットーサイクルの効率と異なり，圧縮比と比熱比だけでなく等圧膨張比にも依存する。また，式 (5.81) の右辺第 2 項の $\dfrac{\sigma^\kappa - 1}{\kappa(\sigma - 1)}$ は 1 よりも大きいため，同じ圧縮比では熱効率はオットーサイクル（ガソリンエンジン）よりも低くなる。しかしながら，ディーゼルエンジンはもともと断熱圧縮により空気のみを加熱し，そこへ燃料を噴射し燃焼させるの

で，ガソリンエンジンに比べて圧縮比は大きくできる。その結果，一般には
ディーゼルエンジンのほうがガソリンエンジンよりも熱効率が良くなる。

　図 5.19 にディーゼルサイクルの熱効率に及ぼす，圧縮比と等圧膨張比の影
響を示す。比熱比は空気の燃焼であるので $\kappa = 1.4$ としている。

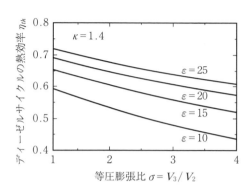

図 5.19　圧縮比と等圧膨張比の影響

<hr>

例題5.7

　空気を動作ガスとするディーゼルサイクルがある。エンジンのシリンダーの
最大容積 22.4 リットル，圧縮比が 20 で，サイクル開始の圧力が 0.101 3 MPa
で温度 20 ℃であり，サイクルの最高温度が 1 600 ℃であるとき理論熱効率を
求めなさい。また，受け取る熱量，排出する熱量を求めなさい。空気の定積比
熱を 727 J/(kg・K)，比熱比 κ を 1.4 とする。

解答

　圧縮比は 20 であり，初期の温度 $T_1 = 293$ K
　断熱圧縮後の T_2 は式 (5.76) から求められる。$\kappa - 1 = 0.4$ なので
$$T_2 = T_1(V_1 / V_2)^{0.4} = 293 \times (20)^{0.4} = 971 \text{ K}$$
　最高温度 T_3 は 1 873 K
　式 (5.79)，式 (5.80) から等圧膨張比 σ は
$$\sigma = V_3 / V_2 = T_3 / T_2 = 1\,873 / 971 = 1.929$$
　これから理論熱効率は式 (5.81) を用いて

$$\eta_{th}=1-\left(\frac{1}{\varepsilon}\right)^{\kappa-1}\frac{\sigma^{\kappa}-1}{\kappa(\sigma-1)}=1-\left(\frac{1}{20}\right)^{0.4}\frac{1.929^{1.4}-1}{1.4\times(1.929-1)}=0.65=65\%$$

受け取る熱量は，空気の質量 m が理想気体の状態方程式から 26.8 g，最高温度 T_3 が 1 873 K，断熱圧縮後の温度 T_2 が 971 K であるので，式 (5.72) より

$$Q_1=mC_p(T_3-T_2)=0.026\,8\times727\times1.4\times(1\,873-971)=24\,603\text{ J}$$

断熱膨張後の温度 T_4 は

$$T_4=T_3(\sigma V_2/V_1)^{0.4}=1\,873\times(1.929/20)^{0.4}=734\text{ K}$$

であるので式 (5.73) より

$$Q_2=mC_v(T_4-T_1)=0.026\,8\times727\times(734-293)=8\,610\text{ J}$$

■

5.6 ｜ ブレイトンサイクル（ガスタービンサイクル）

ブレイトンサイクル（Brayton cycle）は，**ガスタービン**（gas turbine）を理想化した熱力学的サイクルである。ガスタービンは空気やヘリウムガスなどを加圧，加熱し，これを断熱膨張させて**タービン**（turbine）を回転させ，仕事を取り出すものである。加熱源を外において，気体を循環して使うものを**密閉型ガスタービン**（closed-cycle gas turbine），ジェットエンジンや燃焼を用いたガスタービン発電機などのように，空気を取り込んで燃焼させてタービンを回し，燃焼ガスを排出するものを，**開放型ガスタービン**（open-cycle gas turbine）と呼ぶ。

密閉型ガスタービンの概念図を**図 5.20** に示す。開放型ガスタービンも，熱効率や特性を考える際には密閉型ガスタービンと同様に取り扱ってよい。

図 5.21 にブレイトンサイクルの p-V 線図を，**図 5.22** に T-S 線図を示す。

ブレイトンサイクルはつぎのような過程から構成される。

　1 → 2　取り込んだ空気の断熱圧縮

　2 → 3　等圧燃焼による熱の受け取り

　3 → 4　断熱膨張（外部への仕事）

　4 → 1　外部への熱の排出（等圧圧縮）

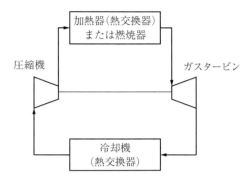

図 5.20　密閉型ガスタービンの概念図

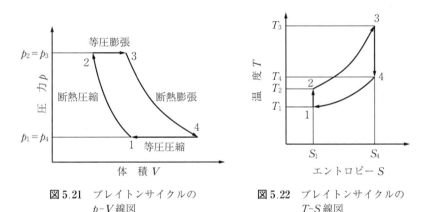

図 5.21　ブレイトンサイクルの
p-V 線図

図 5.22　ブレイトンサイクルの
T-S 線図

　開放型ガスタービンでは $4 \to 1$ で燃焼ガスが排気され，新しい空気が取り込まれているが，サイクルを考える上では上記の過程（閉じたサイクル）を考えればよい。1, 2, 3, 4 の各点での温度を T_1, T_2, T_3, T_4，体積を V_1, V_2, V_3, V_4，圧力を p_1, p_2, p_3, p_4 とする。ブレイトンサイクルでもオットーサイクルやディーゼルサイクルと同じく，外部からの熱の受け取りと外部への熱の排出はいずれも等圧加熱と等圧冷却で行われるので，熱量の計算は T-S 線図を用いなくても各点の温度を用いて簡単に行うことができる。

　ブレイトンサイクルでは，外界から熱を受け取る $2 \to 3$ の過程は燃焼を伴う場合も伴わない場合も等圧膨張過程である。このとき受け取る熱量 Q_1 は，等圧膨張であるので定圧比熱を用いて

$$Q_1 = C_p(T_3 - T_2) \tag{5.82}$$

で与えられる。一方，外界への熱の排出は燃焼を伴う場合も伴わない場合も，等圧で冷却しながらガスを圧縮（体積を減少）させる過程であり，$4 \rightarrow 1$ の過程である。排出する熱量 Q_2 は，つぎのように与えられる。

$$Q_2 = C_p(T_4 - T_1) \tag{5.83}$$

熱力学第1法則より，外部へなす正味の仕事 W は次式で与えられる。

$$W = Q_1 - Q_2 \tag{5.84}$$

これよりブレイトンサイクルの熱効率 η_{th} は，つぎのように与えられる。

$$\eta_{th} = \frac{Q_1 - Q_2}{Q_1} = 1 - \frac{T_4 - T_1}{T_3 - T_2} \tag{5.85}$$

$1 \rightarrow 2$，$3 \rightarrow 4$ の過程は，断熱圧縮，断熱膨張の過程であるので，次式が成り立つ。ブレイトンサイクルの場合は体積ではなく圧力を用いたほうが便利なので，本章の初めに述べた断熱膨張，断熱圧縮の式を用いて

$$T_1 p_1^{-\frac{\kappa-1}{\kappa}} = T_2 p_2^{-\frac{\kappa-1}{\kappa}} \tag{5.86}$$

$$T_3 p_3^{-\frac{\kappa-1}{\kappa}} = T_4 p_4^{-\frac{\kappa-1}{\kappa}} \tag{5.87}$$

これと

$$p_2 = p_3 \tag{5.88}$$

$$p_4 = p_1 \tag{5.89}$$

を用いてつぎの関係が得られる。

$$\frac{T_4 - T_1}{T_3 - T_2} = \left(\frac{p_1}{p_2}\right)^{\frac{\kappa-1}{\kappa}} = \left(\frac{1}{\varphi}\right)^{\frac{\kappa-1}{\kappa}} \tag{5.90}$$

ここで φ は**圧力比**（pressure ratio）と呼ばれ，次式で定義する。

$$\varphi = \frac{p_2}{p_1} \tag{5.91}$$

この圧力比 φ を用いて，ブレイトンサイクルの熱効率はつぎのように与えられる。

$$\eta_{th} = 1 - \left(\frac{1}{\varphi}\right)^{\frac{\kappa-1}{\kappa}} \tag{5.92}$$

熱効率は圧力比が大きいほど大きくなる。**図5.23**に，ヘリウムなどの単原子分子のガス（$\kappa = 5/3$）と空気などの2原子分子のガス（$\kappa = 1.4$）の場合の，圧力比と熱効率の関係を示す。このサイクルは，単純ガスタービンサイクルとも呼ばれる。実際のブレイトンサイクルでは排熱の熱損失が大きい。そこで，排熱を用いて取り込んだ空気の加熱を行う再生サイクルが用いられる場合が多い。

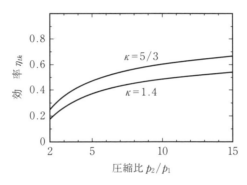

図5.23 単原子分子と2原子分子の
圧力比と効率の関係

例題5.8

ヘリウムを動作ガスとするブレイトンサイクルがある。サイクル開始の圧力が0.1013 MPaで温度20℃であり，サイクルの最高圧力が3 MPaで最高温度が1600℃であるとき，理論熱効率を求めなさい。これを同じ高温熱源，低温熱源で動くカルノーサイクルの熱効率と比較しなさい。またヘリウムガスが1 kg当り受け取る熱量，排出する熱量を求めなさい。ヘリウムの定積比熱を3139 J/(kg·K)，比熱比κを5/3とする。

解答

圧力比は

$$\varphi = 3/0.010\,3 = 29.6$$

ヘリウムでは $(\kappa-1)/\kappa = 0.4$

よって式 (5.90) より理論効率は

$$\eta_{th} = 1 - \left(\frac{1}{\varphi}\right)^{\frac{\kappa-1}{\kappa}} = 1 - \left(\frac{1}{29.6}\right)^{0.4} = 0.742 = 74.2\%$$

同じ高温熱源と低温熱源で動くカルノーサイクルの熱効率 η_C は

$$\eta_C = 1 - (293/1\,873) = 0.844 = 84.4\,\%$$

断熱圧縮後の T_2 は式 (5.86) から求められる。$(\kappa-1)/\kappa = 0.4$ なので

$$T_2 = T_1(p_1/p_2)^{-0.4} = 293 \times (0.101\,3/3)^{-0.4} = 1\,136\,\mathrm{K}$$

T_3 は $1\,873\,\mathrm{K}$ であるので,式 (5.82) からヘリウムガスが $1\,\mathrm{kg}$ 当り受け取る熱量熱 Q_1 は

$$Q_1 = C_p(T_3 - T_2) = 3\,139 \times 5/3 \times (1\,873 - 1\,136) = 13.6\,\mathrm{MJ}$$

断熱膨張後の T_4 は式 (5.87) から求められる。$(\kappa-1)/\kappa = 0.4$ なので

$$T_4 = T_3(p_3/p_4)^{-0.4} = 1\,873 \times (3/0.101\,3)^{-0.4} = 483\,\mathrm{K}$$

T_1 は $293\,\mathrm{K}$ であるので,ヘリウムガスが $1\,\mathrm{kg}$ 当り放出する熱量 Q_2 は式 (5.83) より

$$Q_2 = C_p(T_4 - T_1) = 3\,139 \times 5/3 \times (483 - 293) = 0.99\,\mathrm{MJ}$$

■

演 習 問 題

〔**5.1**〕 圧力 $1\,\mathrm{MPa}$ で温度が $200\,℃$ の窒素ガスが $5.6\,\mathrm{kg}$ ある。その体積は何 m^3 か求めなさい。これを等圧圧縮したところ温度が $100\,℃$ となった。このときの体積,外部からなされた仕事,外部に放出した熱量,内部エネルギーの減少量,エンタルピーの減少量を求めなさい。窒素の定積比熱を $747\,\mathrm{J/(kg \cdot K)}$ とする。

〔**5.2**〕 圧力 $0.5\,\mathrm{MPa}$ で温度が $300\,℃$ の空気が $7.2\,\mathrm{kg}$ ある。これを一定温度の下で圧縮したところ圧力が $1.2\,\mathrm{MPa}$ になった。このとき,外部からなされた仕事,内部エネルギーの増加量,エンタルピーの増加量,外部に放出した熱量,エントロピーの変化量を求めなさい。

〔5.3〕　圧力 0.2 MPa で温度が 0 ℃の水素が 2 kg ある。これを断熱圧縮させ体積が 1/5 となった。このときの温度と体積，外部からなされた仕事，内部エネルギーの増加量，エンタルピーの増加量，外部から受け取った熱量，エントロピーの増加量を求めなさい。水素の定積比熱を 10 464 J/(kg・K)，比熱比 κ を 1.4 とする。

〔5.4〕　圧力 10 MPa で温度が 200 ℃の酸素が 3.2 kg ある。これを断熱膨張させ圧力が 0.5 MPa となった。このときの温度と体積，外部になす仕事，内部エネルギーの減少量，エンタルピーの減少量を求めなさい。酸素の定積比熱を 654 J/(kg・K)，比熱比 κ を 1.4 とする。

〔5.5〕　448 リットルの密閉容器内に空気が 2.88 kg 入っており 100 ℃に保たれている。このときの圧力を求めなさい。温度が 200 ℃になったときの圧力，内部エネルギーの増加量を求め，また圧力が 1/2 になったときの温度と内部エネルギーの減少量を求めなさい。ただし空気の定積比熱を 727 J/(kg・K) とする。

〔5.6〕　高温熱源の温度が 400 ℃で熱効率が 45 %の空気（比熱比 $\kappa = 1.4$）を用いたカルノーサイクルがある。低温熱源の温度は何℃か答えなさい。最高圧力が 5 MPa で等温膨張の体積比が 2 であるとき，図 5.11 の点 B，点 C，点 D の温度と圧力を求めなさい。

〔5.7〕　問題 5.6 のカルノーサイクルを空気 5.76 kg で 1 分間に 1 800 サイクルで運転したとき，出力は何 kW となるか求めなさい。

〔5.8〕　空気（比熱比 $\kappa = 1.4$）を作動流体とするオットーサイクルで，圧縮比 ε を 5，10，15，20 としたときの熱効率を求めなさい。

〔5.9〕　空気（比熱比 $\kappa = 1.4$）を作動流体とするオットーサイクルで，圧縮比 ε が 8 であり，図 5.14 の 1 の状態で大気圧 20 ℃の空気を吸入し，最高温度（図 5.14 の 3 の状態）の温度が 2 300 ℃であるとき，空気 1 kg 当り吸収する熱量，排出する熱量，外部になす仕事を求めなさい。ただし空気の定積比熱を 727 J/(kg・K) とする。

〔5.10〕　空気（比熱比 $\kappa = 1.4$）を作動流体とするディーゼルエンジンのシリンダーの最大容積 22.4 リットル，圧縮比が 20 でサイクル開始の圧力が 0.101 3 MPa で温度 20 ℃であり，サイクルの最高温度が 1 500 ℃であるとき，図 5.17 の 2，3，4 の状態での温度と圧力を求めなさい。また熱効率を求めなさい。

〔5.11〕　空気（比熱比 $\kappa = 1.4$）を作動流体とするガスタービンサイクルがある。サイクル開始（図 5.21 の状態 1）の圧力が 0.101 3 MPa で温度 20 ℃であり，タービン入口温度が 1 200 ℃で圧力比が 30 である。熱効率を求めなさい。また図 5.21 の 2，3，4 の状態での温度と圧力を求め，空気 1 kg 当りの仕事を求めなさい。ただし空気の定積比熱を 727 J/(kg・K) とする。

6章 相変化の熱力学

◆ 本章のテーマ

　蒸気機関に代表されるように，相変化を用いた熱機関は実用上広く用いられている。したがって，液体と蒸気の状態変化とその物性値についての知識はきわめて重要である。本章では，水を中心に相変化の状態図（圧力と体積，温度と体積）について解説する。また，液領域，蒸気領域，気液混在領域を表す状態方程式（ファンデルワールス式）についても述べる。さらに，液相と蒸気相の物性値を与える蒸気表の使い方，気液二相状態（湿り蒸気）の物性値の計算方法についても解説する。

◆ 本章の構成（キーワード）

6.1　液体と蒸気の状態変化
　　　圧縮液，飽和液，飽和蒸気，過熱蒸気，臨界状態
6.2　実在気体の状態方程式
　　　ファンデルワールスの状態方程式
6.3　蒸気表と乾き度
　　　蒸気表の使い方，気液二相状態（湿り蒸気）の物性値の計算方法

◆ 本章を学ぶと以下の内容をマスターできます

☞　相変化の状態図について理解できる
☞　圧縮液，飽和液，飽和蒸気，過熱蒸気についての正確な知識が得られる
☞　相変化の臨界状態について理解できる
☞　液相，蒸気相の状態を表すファンデルワールス式についての知識が得られる
☞　蒸気表を用いて圧縮液，飽和液，飽和蒸気，過熱蒸気の物性値の計算ができる
☞　気液二相状態（湿り蒸気）の物性値の計算ができる

6.1 液体と蒸気の状態変化

　蒸気機関（steam-operated heat engine）は人間が最初に開発した熱機関であり，これにより産業革命と現代文明が生まれた。蒸気機関をはじめとして，液体を**蒸気**（vapor, steam）に変えることによって熱から仕事を取り出す熱機関は，現在でも非常に多くの分野で用いられている。特に，水の蒸気機関は発電に用いられ，現代の科学技術文明の基盤となっている。5章において，気体を用いた熱機関としてのガスサイクルについて説明した。蒸気もガスであるが，**相変化**（phase change, phase transition）により蒸気を作り出すことによって，効率よく仕事を取り出すことができる。また，最初の熱機関が気体だけを用いた熱機関ではなく，相変化を用いた熱機関であったことにも理由がある。

　熱機関は熱を気体に加えることによって温度と圧力を高くして，この気体の膨張（主として断熱膨張）によって仕事を取り出す。圧力は高いほど多くの仕事が取り出せる。気体だけの場合，体積一定の状態で圧力を 10 倍に上げようとすると，シャルルの法則により，温度も 10 倍にする必要がある。300 K（27℃）の空気の圧力を 10 倍にしようとすると温度も 10 倍，すなわち 3 000 K（2 727℃）にしなければならない。

　一方，これを相変化を用いて行おうとすると，はるかに低い温度でよい。373 K（100℃）の水蒸気の圧力は 1 気圧であるが，この温度を 553 K（180℃）にするだけで 10 倍の 10 気圧の蒸気が得られる。これは相変化によって体積がきわめて大きくなることによる。産業革命当時は，まだ内燃機関を作るほど高温で圧力に耐える材料は存在しなかった。そこで，相変化によって数百℃程度で高い蒸気の圧力が得られる蒸気機関がまず実用化されたわけである。

　このような経緯で産業革命以来，相変化の熱力学と，**水**（water）と**水蒸気**（steam）の性質が非常に詳しく調べられてきた。熱機関を設計する上でも，この相変化の熱力学と蒸気の性質はきわめて重要である。以下に，相変化の基本的な性質と蒸気の熱的性質について説明する。

　2章で述べたように気体については状態方程式があり，一定の量（例えば

1 mol）の気体の温度，圧力，体積のうち2つが決まれば他の1つは決まる。すなわち気体の状態は温度，圧力，体積のうち2つが決まれば一意的に決定される。液体についても同様に，状態は温度，圧力，体積のうち2つが決まれば決定されることがわかっている。それならば，蒸気と液体のすべてについて，その状態が温度，圧力，体積のうちの2つによって決まるかというと，そうではない。**蒸気**と**液体**（liquid）が共存する場合には，温度，圧力，体積の3つともがわからなければ状態が決定されない。これが相変化が起こる場合の特徴である。これは，水が沸騰する場合について日常経験していることであり，決しておかしなことでもなければ特殊なことでもない。

　いま，**図6.1**に示すようにシリンダーの中に水を入れ，それをピストンで密閉する。ただし，ピストンは自由に動き，体積は自由に変えられるとする。また，ピストンから蒸気は外には漏れないし，外から空気が入ってくることもないとする。

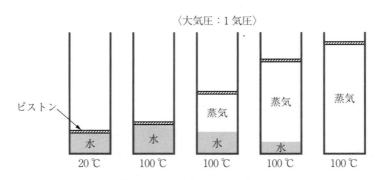

図6.1　水を入れたシリンダー

　ここでピストンの上は通常の大気とし，1気圧の圧力がピストンに加わっているとする。最初，水の温度が20℃であったとする。この場合はすべて水であり，体積も一意的に決まる。水に熱を加えて水の温度が100℃になるまでは水は熱膨張して体積が若干増えるが，沸騰が始まるまでは水だけである。体積も一意的に決まる。さらに熱を加えて100℃に達して**沸騰**（boiling）が始まると，水の温度は100℃のままで蒸気が発生して，水と蒸気の混合物の体積は増

える。体積は熱を加えるに従い増えていき，最後に水が全部**蒸発**（vaporization）する。このときも蒸気の温度は100℃である。

この過程で，温度と圧力は一定のままであるが，体積は変化するので一意的には定まらない。この状態では水と蒸気は共存し，圧力と温度を変えることなく，たがいに変化し得るのである。このことを蒸気と水が**熱平衡状態**（thermal equilibrium）にあるという。

この場合，20℃の水のように沸点よりも低い温度の水を**圧縮水**（compressed water），一般の液体では**圧縮液**（compressed liquid），あるいは**サブクール水**（subcooled water），**サブクール液**（subcooled liquid）と呼ぶ。また，沸点 T_S と水温 T_L の差を**サブクール度**（subcooling）（$\varDelta T_{\mathrm{sub}}$ で表す）と呼び，次式で与えられる。

$$\varDelta T_{\mathrm{sub}} = T_S - T_L \tag{6.1}$$

また，沸点のことを**飽和温度**（saturation temperature）と呼び，飽和温度にある水を**飽和水**（saturated water），一般の液体では**飽和液**（saturated liquid），飽和温度にある蒸気を**飽和蒸気**（saturated steam）と呼ぶ。飽和温度は圧力が高くなると高くなる。水の場合，2気圧では飽和温度は120℃である。飽和温度に対応する圧力を**飽和圧力**（saturation pressure）と呼ぶ。水と蒸気が共存している状態を**気液二相状態**（gas-liquid two-phase state），あるいは**湿り蒸気**（wet steam, wet vapor）と呼び，水がなくなった蒸気を，**乾き蒸気**（dry steam）と呼ぶ。乾き蒸気をさらに加熱して飽和温度以上にしたものを，**過熱蒸気**（superheated steam）と呼ぶ。蒸気の温度 T_V と飽和温度の差を**過熱度**（superheating）（$\varDelta T_{\mathrm{sup}}$ で表す）と呼び，次式で与えられる。

$$\varDelta T_{\mathrm{sup}} = T_V - T_S \tag{6.2}$$

この状態変化を温度と体積のグラフ上に書くと，**図6.2**のようになる。水だけの場合には，温度とともに体積がわずかに増えていき，100℃になると温度は一定のまま蒸気が増えて体積が増加し，すべて蒸気になってからは体積は温度とともに大きく増加する。圧力が高くなると沸点は上がるが（2気圧で120℃程度），同様な変化をする。

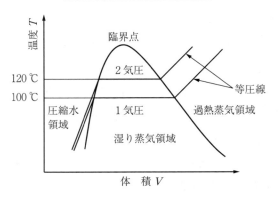

図 6.2　*T*–*V* 線図上に描いた水蒸気の状態変化

　図 6.2 で山形の曲線で囲まれた部分が水と蒸気が共存する領域であって，その左側の部分が水の領域，右側の領域が蒸気の領域である。図で山形の曲線の頂点を**臨界点**（critical point）と書いたが，この温度は水では 374 ℃であり，この温度を超えると水と蒸気の区別はなくなり，相変化は起こらなくなる。

　熱機関では，仕事の計算をするため *p*–*V* 線図を用いていた。相変化の状態を *p*–*V* 線図に書くと，**図 6.3** のようになる。

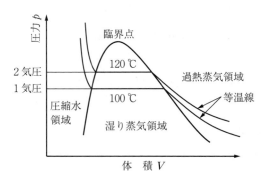

図 6.3　*p*–*V* 線図に描いた水蒸気の状態変化

　100 ℃の水は 1 気圧以上では圧縮水の状態であり，圧力の低下とともに体積はわずかに増加する。圧力が飽和圧力（1 気圧）になると沸騰が始まり，蒸気の量の増加とともに気液二相状態の体積は増加するが，圧力は飽和圧力で一定に保たれる。

すべてが蒸気となった後は，理想気体の状態方程式で近似的に表され，圧力の減少とともに体積は大きく増加する。水の温度が高くなると飽和圧力は上がるが（120℃で2気圧），同様な変化をする。この場合も図で山形の曲線で囲まれた部分が水と蒸気が共存する領域であって，その左側の部分が水の領域，右側の領域が蒸気の領域である。

図で山形の曲線の頂点を臨界点と書いたが，この圧力は水では 22.12 MPa（226気圧）であり，この圧力を超えると水と蒸気の区別はなくなり，相変化は起こらなくなる。

6.2 実在気体の状態方程式

理想気体の場合には，温度，圧力，体積の関係は式 (2.5) や式 (2.10) の理想気体の状態方程式によって与えられた。一方で，相変化も含めた，液体，気体，気液二相状態となる気体を**実在気体**（real gas）と呼び，この温度，圧力，体積の関係を表す代表的な式として，**ファンデルワールス式**（van der Waals equation of state）がある。ファンデルワールス式は次式で与えられる。

$$\left(p+\frac{a}{V^2}\right)(V-b)=RT$$

(6.3)

ここで，定数 a，b は気体によって決まる定数である。式 (6.3) を p-V 線図にプロットすると，**図 6.4** のようになる。

図で，曲線 ABCDEFG が温度を一定にした場合のファンデルワールス式である。AB は液体領域の，FG は蒸気領域の温度と圧力の関係を与える。蒸気と液体が共存する領域は

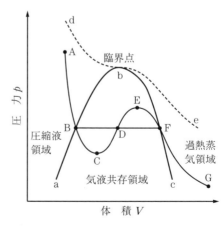

図 6.4 p-V 線図に描いたファンデルワールス式

曲線 BCDEF を直線 BF で結んだものである，直線 BF は BCDB の面積と，
DEFD の面積が等しくなるように決められる。

　BC 領域は**過熱液**（superheated liquid）と呼ばれる領域で，圧力が飽和圧力
になっても液体のままの領域であり，飽和温度以上の液体が存在する準安定な
状態である。これは非常にゆっくりと圧力を下げて行った場合に実際に観察さ
れる現象である。また，領域 EF は**過冷却蒸気**（supercooled vapor）（飽和温
度以下の蒸気）と呼ばれる領域であり，圧力が飽和圧力以上になっても凝縮せ
ず蒸気のままの状態の領域であり，これも圧力をゆっくりと上げていった場合
に実際に見られる現象である。いずれも準安定な状態なのでちょっとした外乱
により，急速に沸騰，あるいは凝縮が起こる。過冷却蒸気は，ウィルソンの霧
箱と呼ばれる素粒子の軌跡を観測するために応用されている。

　ファンデルワールス式は，相変化の状態において述べた臨界点も与える式と
なっている。式 (6.3) を V について展開すると次式となる。

$$V^3 - \left(b + \frac{RT}{p}\right)V^2 + \frac{a}{p}V - \frac{ab}{p} = 0 \tag{6.4}$$

　式 (6.4) は T と p を与えると V についての三次式となり，図 6.4 の状態図
の過程 ABCDEFG に対応する。p の値に対して 3 つの根を持ち，そのうち 2 つ
が，飽和液（点 B）と飽和蒸気（点 F）に対応する。臨界状態では図 6.4 の破
線 dbe のようになる。すなわち，臨界状態では式 (6.4) は三重根を持つ。三
重根 V_c を持つ条件を求めると

$$\begin{aligned}
\left(V - V_c\right)^3 &= V^3 - 3V_c V^2 + 3V_c^2 V - V_c^3 \\
&= V^3 - \left(b + \frac{RT_c}{p_c}\right)V^2 + \frac{a}{p_c}V - \frac{ab}{p_c} = 0
\end{aligned} \tag{6.5}$$

これより

$$a = 3p_c V_c^2, \quad b = \frac{1}{3}V_c, \quad R = \frac{8p_c V_c}{3T_c} \tag{6.6}$$

　温度 T_c，圧力 p_c は，それぞれ上に述べた**臨界温度**（critical temperature），
臨界圧力（critical pressure）となる。また，単位質量当りの臨界状態での体積

V_c を **臨界比容積**（critical specific volume）と呼ぶ。式 (6.6) から，これらは
つぎのように与えられる。

$$V_c = 3b, \quad p_c = \frac{a}{27b^2}, \quad T_c = \frac{8a}{27bR} \tag{6.7}$$

主要な流体の臨界温度，臨界圧力，臨界比容積は**表 6.1** のとおりである。

表 6.1 主要な流体の臨界温度，臨界圧力，臨界比容積

流　体	臨界温度〔℃〕	臨界圧力〔MPa〕	臨界比容積〔m³/kg〕
水	374.15	22.12	3.17×10^{-3}
アンモニア	132.4	11.35	4.277×10^{-3}
二酸化炭素	31.1	7.39	2.17×10^{-3}
酸　素	-82.9	4.64	2.33×10^{-3}
窒　素	-141.7	3.78	3.22×10^{-3}
水　素	-239.9	1.29	32.2×10^{-3}

例題6.1

水の臨界温度，臨界圧力，臨界比容積から，水についてのファンデルワール
ス式の定数 a, b を求めなさい。

解答

式 (6.6) および表 6.1 より

$$a = 3 p_c V_c^2 = 3 \times 22.12 \times 10^6 \times (3.17 \times 10^{-3})^2 = 667 \ \text{Pa·m}^6/\text{kg}^2$$

$$b = \frac{1}{3} V_c = \frac{1}{3} \times 3.17 \times 10^{-3} = 1.06 \times 10^{-3} \ \text{m}^3/\text{kg}$$

6.3 蒸気表と乾き度

　蒸気機関などの相変化を利用する熱機関を設計する場合には，上述の液相と
蒸気相の状態だけでなく，それぞれの状態における，液相と蒸気相の物性値を
正確に知る必要がある。このような液相と気相の物性値を表にしたものを**蒸気
表**（steam tables）と呼ぶ。特に水と水蒸気については，産業革命以来，蒸気

機関の設計のため詳細な蒸気表が作成されて，国際的な標準値が決められている。

　日本でも，これに基づき日本機械学会蒸気表がある。これは式の形や表の形で与えられている。その抜粋を巻末の付録に添付する。蒸気表は，飽和状態の物性値を与える**飽和蒸気表**（saturated steam table）と，過熱蒸気の物性と圧縮水の物性値を与えるものからなっている。

　特に重要な物理量は，飽和温度，飽和圧力，密度，エンタルピー，エントロピーであり，これらが，圧力あるいは温度を基準に詳細に与えられている。また，これらの物性値を，縦軸を温度，横軸をエントロピーにした線図や，縦軸をエンタルピー，横軸をエントロピーにした線図で表すものも用いられている。これらは，相変化を用いた熱機関や冷凍機等の設計に広く用いられている。

例題6.2

　付録の蒸気表を用いて 0.2 MPa，1 MPa，15 MPa の飽和温度を求めなさい。また 70 ℃，150 ℃，215 ℃，の飽和圧力を求めなさい。

解答

　蒸気表より 0.2 MPa の飽和温度は 120.2 ℃，1 MPa の飽和温度は 179.9 ℃。

　15 MPa の飽和温度は，14 MPa の飽和温度 336.7 ℃と 16 MPa の飽和温度 347.4 ℃を内挿して

　　$(336.7 + 347.4)/2 = 342.05$ ℃

　70 ℃の飽和圧力は 0.031 20 MPa，150 ℃の飽和圧力は 0.476 2 MPa

　215 ℃の飽和圧力は 210 ℃の飽和圧力 1.907 7 MPa と 220 ℃の飽和圧力 2.319 6 MPa を内挿して 2.113 7 MPa。

例題6.3

　10 MPa で 400 ℃，15 MPa で 600 ℃，20 MPa で 750 ℃の過熱蒸気の，1 kg 当りの体積，内部エネルギー，エンタルピー，エントロピーを求めなさい。

解答

蒸気表より 10 MPa, 400 ℃の過熱蒸気の物性値は

体積 0.026 4 m³/kg, 内部エネルギー 2 833.1 kJ/kg,

エンタルピー 3 097.4 kJ/kg, エントロピー 6.214 kJ/(kg·K)

15 MPa, 600 ℃の過熱蒸気の物性値は

体積 0.024 92 m³/kg, 内部エネルギー 3 209.3 kJ/kg,

エンタルピー 3 583.1 kJ/kg, エントロピー 6.680 kJ/(kg·K)

20 MPa, 750 ℃ 蒸気表にはないので 700 ℃と 800 ℃の値から内挿。

700 ℃の値は

体積 0.021 13 m³/kg, 内部エネルギー 3 385.1 kJ/kg,

エンタルピー 3 807.8 kJ/kg, エントロピー 6.799 kJ/(kg·K)

800 ℃の値は

体積 0.023 87 m³/kg, 内部エネルギー 3 590.1 kJ/kg,

エンタルピー 4 067.5 kJ/kg, エントロピー 7.053 kJ/(kg·K)

これから 20 MPa, 750 ℃の過熱蒸気の物性値は

体積 0.022 50 m³/kg, 内部エネルギー 3 487.6 kJ/kg,

エンタルピー 3 937.7 kJ/kg, エントロピー 6.926 kJ/(kg·K)

例題6.4

10 MPa で 20 ℃の圧縮水 1 kg を加熱してすべて飽和蒸気にするのに必要な熱量は何 J か求めなさい。

解答

蒸気表より 10 MPa, 20 ℃の圧縮水 1 kg のエンタルピーは 93.281 kJ/kg, 10 MPa の飽和蒸気のエンタルピーは 2 725.5 kJ/kg

したがって加熱に必要な熱量は

2 725.5 - 93.281 = 2 632.2 kJ/kg

こうした蒸気表を用いて作動流体が相変化する熱機関を設計する場合, 蒸気と液体が混在する状態, すなわち**湿り蒸気**の物性値を計算する必要がある。この場合には, 飽和液の物性値と飽和蒸気の物性値を, つぎに定義する**乾き度**

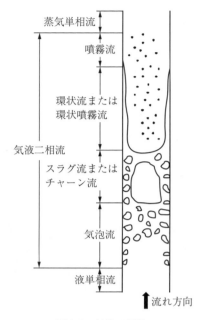

蒸気単相流

噴霧流

環状流または
環状噴霧流

気液二相流

スラグ流または
チャーン流

気泡流

液単相流

↑流れ方向

図6.5　気液二相流

(vapor quality, steam quality) x で比例配分する。

$$x = \frac{G_V}{G_V + G_L} \qquad (6.8)$$

ここで G_V, G_L は，図 6.1 のように密閉された空間内の**気液二相状態**では，飽和蒸気と飽和液の質量（kg）である。しかしながら実際の熱機関では，水などの流体をパイプに流して沸騰させる。この場合には，**図 6.5** に示すような液と蒸気が混在して流れる**気液二相流**（gas-liquid two-phase flow）となる。

この場合には，式 (6.8) の乾き度を定義する G_V, G_L は蒸気と水との質量流量（kg/s）となる。これを用いて，気液二相状態の比容積 v_m，比内部エネルギー u_m，比エンタルピー h_m，比エントロピー s_m はつぎのように定義される。

$$\begin{aligned}
v_m &= (1-x)v' + xv'' \\
u_m &= (1-x)u' + xu'' \\
h_m &= (1-x)h' + xh'' \\
s_m &= (1-x)s' + xs''
\end{aligned} \qquad (6.9)$$

ここで，記号「′」と「″」はそれぞれ飽和液と飽和蒸気の値を表しており，付録の飽和蒸気表（付表 1.1，付表 2.1）に示す値である。

例題6.5

1 MPa，10 MPa の湿り蒸気の乾き度が 0.6 であるとき，1 kg 当りの体積，内部エネルギー，エンタルピー，エントロピーを求めなさい。

解答

1 MPa の飽和水，飽和蒸気の比体積，比内部エネルギー，比エンタルピー，比エントロピーは，蒸気表より

飽和水

比体積 $0.001\,127\,\mathrm{m^3/kg}$，   比内部エネルギー $761.4\,\mathrm{kJ/kg}$，

比エンタルピー $762.5\,\mathrm{kJ/kg}$，   エントロピー $2.138\,1\,\mathrm{kJ/(kg \cdot K)}$

飽和蒸気

比体積 $0.194\,4\,\mathrm{m^3/kg}$，   比内部エネルギー $2\,582.7\,\mathrm{kJ/kg}$，

比エンタルピー $2\,777.1\,\mathrm{kJ/kg}$，   エントロピー $6.585\,0\,\mathrm{kJ/(kg \cdot K)}$

これより湿り蒸気 $1\,\mathrm{kg}$ の体積： $0.4 \times 0.001\,127 + 0.6 \times 0.194\,4 = 0.117\,1\,\mathrm{m^3}$

内部エネルギー： $0.4 \times 761.4 + 0.6 \times 2\,582.7 = 1\,854.2\,\mathrm{kJ}$

エンタルピー： $0.4 \times 762.5 + 0.6 \times 2\,777.1 = 1\,971.3\,\mathrm{kJ}$

エントロピー： $0.4 \times 2.138\,1 + 0.6 \times 6.585\,0 = 4.806\,2\,\mathrm{kJ/K}$

例題6.6

$5\,\mathrm{m^3}$ の密閉容器の中に $140\,\mathrm{℃}$ の湿り蒸気が $80\,\mathrm{kg}$ 入っている。このときの容器の圧力，水の質量，蒸気の質量，乾き度を求めなさい。

解答

飽和蒸気表より，$140\,\mathrm{℃}$ の飽和圧力（容器の圧力）は $0.361\,5\,\mathrm{MPa}$

水の比容積は $0.001\,080\,\mathrm{m^3/kg}$，蒸気の比容積は $0.508\,5\,\mathrm{m^3/kg}$ であるので，乾き度を X とすると

$80 \times (1 - X) \times 0.001\,080 + 80 \times X \times 0.508\,5 = 5\,\mathrm{m^3}$

$X = (5/80 - 0.001\,080)/(0.508\,5 - 0.001\,080) = 0.121$

水の質量： $80 \times (1 - 0.121) = 70.3\,\mathrm{kg}$

蒸気の質量： $80 \times 0.121 = 9.7\,\mathrm{kg}$

例題6.7

$2\,\mathrm{MPa}$ で乾き度 0.3 の湿り蒸気 $50\,\mathrm{kg}$ に $50\,\mathrm{MJ}$ の熱を加えると体積は何倍になるか。また乾き度を求めなさい。

解答 --

飽和蒸気表より，2 MPa の飽和温度は 212.4 ℃

乾き度 0.3 であるので飽和水 35 kg，飽和蒸気 15 kg

飽和水比容積は 0.001 177 m³/kg，飽和蒸気の比容積は 0.099 59 m³/kg であるので，この湿り蒸気の体積は

$$35 \times 0.001\,177 + 15 \times 0.099\,59 = 1.535\ \mathrm{m^3}$$

1 kg の飽和液を飽和蒸気に変えるのに必要なエンタルピーは，飽和蒸気表より 1 889.8 kJ/kg

50 MJ では 50 000/1 889.8 = 26.46 kg の飽和水を飽和蒸気に変える。

体積の増加は $26.46 \times (0.099\,59 - 0.001\,177) = 2.604\ \mathrm{m^3}$

したがって加熱後の体積は $1.535 + 2.604 = 4.139\ \mathrm{m^3}$

体積は $4.139/1.535 = 2.70$ となる。

蒸気の質量は $15 + 26.46 = 41.46$ kg

乾き度 X は $41.46/50 = 0.829$

演 習 問 題

〔**6.1**〕 1 MPa で 150 ℃ のサブクール水がある。サブクール度は何度か。圧力を徐々に下げていくと沸騰が始まった。沸騰の始まる圧力を求めなさい。

〔**6.2**〕 0.2 MPa で 200 ℃ の過熱蒸気がある。この蒸気の過熱度は何度か。また，圧力を上昇していくと凝縮が始まった。凝縮の始まる圧力を求めなさい。

〔**6.3**〕 富士山の山頂の気圧は 0.065 5 MPa である。水は何度で沸騰するか答えよ。

〔**6.4**〕 0.1 MPa で 20 ℃ の水を加熱して 300 ℃ の過熱蒸気にした。必要とする熱量はどれだけか。ただし，水の比熱を 1 cal/g/K とする。

〔**6.5**〕 10 MPa で 400 ℃ の過熱蒸気を断熱膨張（エントロピー一定で膨張）させ 0.2 MPa としたところ，湿り蒸気となった。蒸気の乾き度を求めなさい。

〔**6.6**〕 0.1 MPa で乾き度 0.2 の湿り蒸気を断熱圧縮（エントロピー一定で圧縮）して飽和水とした。そのときの圧力と温度を求めなさい。

〔**6.7**〕 2 MPa の飽和水を細いノズルから吹き出して，圧力を 0.1 MPa に減少させ湿り蒸気とした。この場合，エンタルピーが一定に保たれる。湿り蒸気の乾き度を求めなさい。

〔**6.8**〕 0.3 MPa で 5 m³ の密閉容器の中に 0.25 トンの湿り蒸気が入っている。これを過熱して圧力を 1 MPa にすると，中の状態は過熱蒸気か湿り蒸気か答えなさい。また，過熱に必要な熱量を求めなさい。

7章 相変化を伴うサイクル

◆本章のテーマ

　相変化に伴う熱の収支と仕事の基礎的事項を説明し，それに基づいて相変化を用いる熱機関の代表的なものであるランキンサイクルについて，どのような過程から構成されるか，それぞれの過程での熱の収支と仕事のやりとり，熱効率について解説する。また，ランキンサイクルの効率を向上させる方法として，再熱サイクル，再生サイクルを紹介し，その熱収支，取り出す仕事，熱効率の計算方法について説明し，その効果を述べる。

◆本章の構成（キーワード）

7.1　相変化に伴う仕事と熱
　　　湿り飽和蒸気，蒸発潜熱，気液二
　　　相サイクルの可逆サイクル

7.2　ランキンサイクル
　　　ボイラ，過熱器，蒸気タービン，
　　　復水器，ポンプ，熱効率，エンタ

　　　ルピー差，理論効率

7.3　再熱ランキンサイクル
　　　再熱サイクル，予熱器

7.4　再生ランキンサイクル
　　　海水，飽和液，流路壁

◆本章を学ぶと以下の内容をマスターできます

☞　相変化に伴う熱の収支と仕事について理解でき，その計算方法が身につく

☞　ランキンサイクルの過程を理解でき，熱の収支と取り出す仕事，その効率の計算方法が身につく

☞　再熱ランキンサイクルの熱の収支と取り出す仕事，その効率の計算方法がわかり，再熱サイクルの効果が理解できる

☞　再生ランキンサイクルの熱の収支と取り出す仕事，その効率の計算方法がわかり，再生サイクルの効果が理解できる

6章で述べたように，**相変化**（phase change, phase transition）では，**一定温度**（constant temperature），**一定圧力**（constant pressure）で熱を受け取って**液体**（liquid）から**蒸気**（vapor, steam）に体積を大きく変えることができる。したがって，高温熱源の温度がそれほど高くなくても大きな圧力が得られ，膨張によって効率よく仕事を取り出すことができる。高温高圧に耐える材料が十分に得られていない時代に，人類が最初に作り出した熱機関が蒸気機関であるのも，このことによる。蒸気機関に代表されるように，相変化を用いたサイクルを**蒸気サイクル**（steam cycle, Rankine cycle）あるいは**気液二相サイクル**（gas-liquid two-phase cycle）と呼ぶ。

7.1 相変化に伴う仕事と熱

図7.1に示すように，飽和温度 T_s，飽和圧力 p_s の**湿り蒸気**（wet vapor, wet steam）（気液二相状態）にわずかな熱量 Q を加えると，水の一部がさらに沸騰して蒸気の体積が増え，ピストンが ΔL 動く。この過程はゆっくりと準静的に起こるとする。このとき，湿り蒸気が外部になす仕事 W は次式で与えられる。

$$W = p_s A \Delta L = p_s \Delta V \tag{7.1}$$

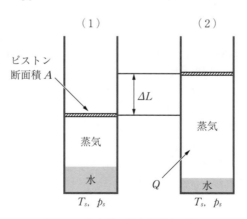

図7.1　相変化に伴う膨張と圧縮

ここで A はピストンの断面積である。また，湿り蒸気のエンタルピーの増加
は，ΔG の水が蒸発することによる蒸発潜熱の増加であるので，水の単位質量
当りの**蒸発潜熱**（latent heat of vaporization）を L_{fg} とすると次式で与えられる。

$$\Delta H = L_{fg} \Delta G \tag{7.2}$$

いま，等圧変化より $\Delta H = \Delta U + p_s \Delta V$。

熱力学第 1 法則により，湿り蒸気に加えられる熱量 Q は

$$Q = \Delta U + W = \Delta U + p_s \Delta V = \Delta H = L_{fg} \Delta G \tag{7.3}$$

湿り蒸気のエントロピーの変化 ΔS_1 は

$$\Delta S_1 = \frac{Q}{T_s} \tag{7.4}$$

一方，外部も飽和温度 T_s であり，潜熱が奪われるとともに ΔW の仕事をさ
れて，エントロピーの減少 $-\Delta S_2$ は

$$-\Delta S_2 = -\frac{Q}{T_s} \tag{7.5}$$

全体のエントロピーの変化は

$$\Delta S_1 - \Delta S_2 = \frac{Q}{T_s} - \frac{Q}{T_s} = 0 \tag{7.6}$$

となり可逆過程となる。

実際，図 7.1 の（2）の状態からピストンを押して湿り蒸気を圧縮し（等温
圧縮）（1）の状態にすると，ΔG の蒸気が凝縮して水になり，エンタルピーは
$\Delta H = L_{fg} \Delta G$ だけ減少して，湿り蒸気のエンタルピーは元の値になる。このと
き，湿り蒸気は式 (7.3) で与えられる熱量を外部に与える。したがって，外部
は式 (7.1) で与えられる仕事をして，式 (7.3) で与えられる熱量ももらうの
で，元とまったく同じ状態に戻る。

■ 例題7.1

0.6 MPa で 5 kg の飽和水をすべて飽和蒸気に変えるのに必要な熱量は何 J
か求めなさい。このとき体積はどれだけ増加するか，また体積の増加により外
部になす仕事はどれだけか，これから内部エネルギーの増加量を求めなさい。

解答 ------------------------------------

　飽和蒸気表より，0.6 MPa の飽和水の比容積は 0.001 101 m³/kg，比エンタルピーは 670.4 kJ/kg，飽和蒸気の比容積は 0.315 6 m³/kg，比エンタルピーは 2 756.1 kJ/kg。

　したがって，5 kg の飽和水のエンタルピーは 5×670.4＝3 352 kJ，飽和蒸気のエンタルピーは 5×2 756.1＝13 780 kJ。

　したがって，すべてを飽和蒸気に変えるのに必要な熱量は 13 780－3 352＝10 428 kJ。

　飽和水の体積は 5×0.001 101＝0.005 505 m³，飽和蒸気の体積は 5×0.315 6＝1.578 m³，体積の増加は 1.572 m³。したがって外部になす仕事は

$$0.6×10^6×1.572＝0.943 2×10^6 \text{ J}＝943.2 \text{ kJ}$$

　内部エネルギーの増加量はエンタルピーの増加量から外部になした仕事を引いたものであるので，10 428－943＝9 485 kJ。

■

　このように**相変化を伴う膨張と圧縮**（expansion or compression with phase change）は，**等温**（isothermal）・**等圧**（isobaric）の膨張，圧縮であり，**可逆過程**（reversible process）である。したがって，相変化を伴う等温膨張と等温圧縮，ならびに断熱膨張と断熱圧縮を組み合わせることにより，相変化を伴う可逆サイクルを作ることが原理的には可能である。その *p-V* 線図と *T-S* 線図を，**図7.2**と**図7.3**に示す。

　これは，ガスサイクルにおけるカルノーサイクルに相当した気液二相サイク

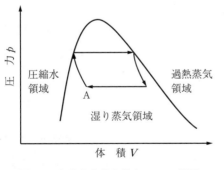

図7.2 相変化を伴う場合の *p-V* 線図

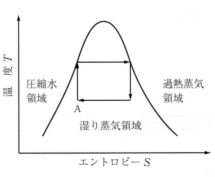

図7.3 相変化を伴う場合の *T-S* 線図

ルの可逆サイクルである。しかしながらこのようなサイクルは，図7.2，図7.3両方の点Aまで正確に等温圧縮するのが難しいため，完全に実現するのは困難である。ただ，高温熱源の温度があまり高くなく，比較的低圧で作動する蒸気機関は，この可逆サイクルに近いものとなり，可逆サイクルで与えられる最大の効率に近くなる。

産業革命当時，最初の蒸気機関では高温熱源の温度はそれほど高くなく，蒸気圧力も低かった。したがって，その当時の蒸気機関はここで述べた気液二相サイクルの可逆サイクルに近いものであった。つまり，その当時の技術で最も高い熱効率を出すものが蒸気機関であった。このようなことも，最初に開発された熱機関が蒸気機関であった理由のひとつである。

7.2 ランキンサイクル

蒸気機関をより高温，高圧で作動させ，大きな出力を出そうとすると，7.1節の図7.2や図7.3に示したような可逆サイクルを用いるのは，実際上困難となる。この場合は，熱効率は可逆サイクルよりは低くなるが，蒸気の温度を高くして大きな出力を得る蒸気サイクルが用いられる。その代表的なものが**ランキンサイクル**（Rankine cycle）である。

ランキンサイクルの概念図を**図7.4**に示す。またそのp–V線図を**図7.5**に，

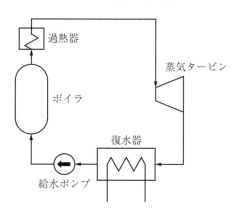

図7.4 ランキンサイクルの
概念図

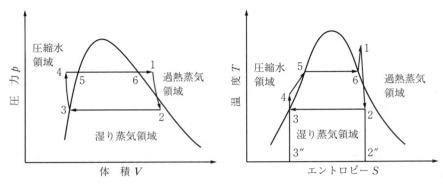

図7.5　ランキンサイクルの *p-V* 線図　　　**図7.6**　ランキンサイクルの *T-S* 線図

T-S 線図を**図7.6**に示す。ランキンサイクルは蒸気を発生させる**ボイラー** (boiler)，飽和蒸気を過熱蒸気にする**過熱器** (superheater)，**蒸気タービン** (steam turbine)，蒸気を凝縮させて水に戻す**復水器** (condenser)，および水の圧力を上昇させ，水を流動させる**給水ポンプ** (water pump) からなる。

　この図からわかるように，ランキンサイクルでは，水，湿り蒸気（気液二相状態），蒸気はいずれも管内を流動しており，仕事を取り出す蒸気タービンは入口から過熱蒸気が流入し，中で蒸気タービンを回転させて仕事を取り出した後，出口から湿り蒸気が流出する。したがって，蒸気タービンは3章の図3.3に示すような開いた系となっている。

　ランキンサイクルの各過程はつぎのようなものである。

　　1→2　蒸気タービン内の断熱膨張（外部への仕事）

　　2→3　復水器内の等温，等圧凝縮

　　3→4　復水を給水ポンプで断熱圧縮（加圧）

　　4→5　水の沸点までの加熱（ボイラーでの熱の受け取り）

　　5→6　水の蒸発（ボイラーでの熱の受け取り）

　　6→1　蒸気の過熱（過熱器での熱の受け取り）

　ランキンサイクルの仕事や熱効率も，ガスサイクルの場合と同じように，*T-S* 線図の面積（熱量）から求めることができる。ランキンサイクルの正味の仕事の量は図7.6の図形123456の面積であり，外部から吸収した熱量は

図形12″3″456の面積である。したがって，熱効率 η_{th} は次式で与えられる。

$$\eta_{th} = \frac{図形123456の面積}{図形12″3″456の面積} \tag{7.7}$$

ガスサイクルの場合には，吸収する熱量や捨てる熱量はガスの比熱と温度で簡単に計算でき，式 (7.7) を用いて熱効率が計算できた。しかしながら蒸気サイクルでは，式 (7.7) の面積を計算するのは容易ではない。

ランキンサイクルでは，ポンプを用いて蒸気タービンに水および蒸気が流入，流出して，仕事を取り出している。図 7.4 に示したようにランキンサイクルは開いた系であり，これについての熱力学第 1 法則を考える必要がある。

ランキンサイクルでは配管内を一定圧力で流体が流れているので，ランキンサイクルを構成する各要素の熱量や仕事は，各要素の**エンタルピー** (enthalpy) 差として与えられる。蒸気機関の場合には，各要素の圧力と温度がわかっていれば蒸気表からエンタルピーを求めることができる。したがって，ランキンサイクルの効率を計算する際には，ガスサイクルの際と異なり，各要素の入口，出口のエンタルピー差から計算を行うのが一般的である。以下ではこうした方法でランキンサイクルの熱効率を求める。

水は図 7.6 の 4 の状態から予熱器（ボイラーに付属）で水の沸点まで暖められ（$4 \rightarrow 5$），ボイラーで蒸気となり（$5 \rightarrow 6$），さらに過熱器で蒸気が過熱される（$6 \rightarrow 1$）。これが水の加熱の過程であるので，水が受け取る熱量は 1 の状態と 4 の状態のエンタルピーの差である。したがって，水が受け取る熱量 Q_1 は

$$Q_1 = h_1 - h_4 \tag{7.8}$$

となる。ここで，h はエンタルピー（$U + pV$）である。一方，復水器において蒸気が外界へ排出する熱量 Q_2 は

$$Q_2 = h_2 - h_3 \tag{7.9}$$

である。また $1 \rightarrow 2$ の過程で蒸気タービンのなす仕事 W_T は，開放系であるので入口と出口のエンタルピーの差で与えられ

$$W_T = h_1 - h_2 \tag{7.10}$$

となる。一方，給水ポンプが系になす仕事 w_p は

$$w_p = h_4 - h_3 \tag{7.11}$$

である。これを用いてランキンサイクルの熱効率（理論効率）η_{th} は，次式で
与えられる。

$$\eta_{th} = \frac{Q_1 - Q_2}{Q_1} = \frac{(h_1 - h_4) - (h_2 - h_3)}{h_1 - h_4} = \frac{(h_1 - h_2) - (h_4 - h_3)}{(h_1 - h_3) - (h_4 - h_3)}$$

$$= \frac{w_T - w_p}{(h_1 - h_3) - w_p} \tag{7.12}$$

ここで給水ポンプのなす仕事 w_p は，蒸気タービンのなす仕事に比べて十分
小さいので，式 (7.12) はつぎのように近似される。

$$\eta_{th} \cong \frac{w_T}{h_1 - h_3} = \frac{h_1 - h_2}{h_1 - h_3} \tag{7.13}$$

ただし，これは理想的な熱効率であって，実際のランキンサイクルでは蒸気の
断熱膨張の過程で一部凝縮が起こり，これが効率を低下させるとともに蒸気
タービンの寿命に影響を及ぼす。

ランキンサイクルの熱効率の計算は式 (7.13) を用いて，ランキンサイクル
の条件（高温側温度，低温側温度，入口圧力，出口圧力）を与え，その条件で
のエンタルピーの値を付録の蒸気表から読み取って計算する。

例題7.2

タービン入口蒸気圧力 10 MPa，蒸気温度 500 ℃，復水器圧力 0.01 MPa で運
転しているランキンサイクルがある。蒸気タービンがなす仕事，復水器での放
熱量，ボイラーと過熱器での加熱量，給水ポンプがなす仕事，サイクルの熱効
率を求めなさい。

解答

過熱蒸気表より，10 MPa，蒸気温度 500 ℃の比エンタルピー h_1 は 3 375.1 kJ/
kg，比エントロピー s は 6.600 kJ/(kg・K)。

飽和蒸気表より，0.01 MPa での飽和水の比エントロピー s_3 は 0.649 2 kJ/(kg・
K)，比エンタルピー h_3 は 191.8 kJ/kg，飽和蒸気の比エントロピー s'' は 8.148

kJ/（kg·K），比エンタルピー h'' は 2 583.9 kJ/kg。

　等エントロピー膨張なので，タービン出口の湿り蒸気の乾き度 X は

$$8.148\,8X+0.649\,2\,(1-X)=6.600$$

から求められ

$$X=(6.600-0.649\,2)/(8.148\,8-0.649\,2)=0.793\,5$$

湿り蒸気の比エンタルピー h_2 は

$$(1-0.793\,5)\times191.8+0.793\,5\times2\,583.9=2\,089.9\,\text{kJ/kg}$$

したがって蒸気タービンがなす仕事は

$$h_1-h_2=3\,375.1-2\,089.9=1\,285.2\,\text{kJ/kg}$$

復水器での放熱量は

$$h_2-h_3=2\,089.9-191.8=1\,898.1\,\text{kJ/kg}$$

凝縮水はポンプで等エントロピー加圧され，10 MPa になる。このとき圧縮水の温度は 46.3℃，比エンタルピー h_4 は 202.5 kJ/kg。これは付録4 圧縮水の付表 4.1 より，比エントロピーが 0.649 2 kJ/（kg·K）になるような温度，ならびに比エンタルピーとして，内挿により求められる。

　したがって給水ポンプによりなされる仕事は

$$h_4-h_3=202.5-191.8=10.7\,\text{kJ/kg}$$

ボイラーでの加熱量は

$$h_1-h_4=3\,375.1-202.5=3\,172.6\,\text{kJ/kg}$$

ランキンサイクルの効率は

$$(h_1-h_2)/(h_1-h_3)=1\,285.2/3\,183.3=0.404=40.4\,\%$$

　式（7.13）から，熱効率を大きくするためには分子の値を大きくする必要がある。h_1 は蒸気タービン入口のエンタルピーであるので，この値を大きくするには，入口圧力と蒸気の温度を大きくすればよい。h_2 は蒸気タービン出口圧力であり，この値が小さいほど分子が大きくなり，たくさんの仕事が取り出せる。蒸気タービンの出口圧力は蒸気を凝縮させる凝縮器の圧力であり，**背圧**（back-pressure）とも呼ばれる。

　図 7.7 にランキンサイクルの熱効率に及ぼす，蒸気タービン入口圧力 p_1，蒸気温度 T_1，背圧 p_2 の影響を示す。

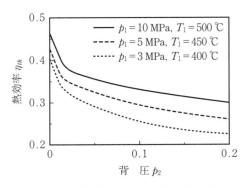

図7.7　蒸気タービン入口圧力，蒸気温度，背圧の関係

7.3 │ 再熱ランキンサイクル

　ランキンサイクルの熱効率を上げるためには，前ページに示したように蒸気タービン入口圧力および蒸気温度を上げればよい。しかしながら，材料の問題や耐圧の問題で，ある程度以上は圧力，温度を上げることは難しい。蒸気タービンの入口圧力，入口蒸気温度をそのままにして熱効率を上げる方法として，再熱サイクルがある。これは**図7.8**に示すように，蒸気タービンで蒸気が断熱膨張して温度と圧力が下がった後に**再熱器**（reheater）に蒸気を戻し，元の温度に再加熱するものである。これを**再熱ランキンサイクル**（reheat Rankine cycle）と呼ぶ。T-S線図を**図7.9**に示す。

　再熱ランキンサイクルの各過程はつぎのようなものである。

　　　$7 \rightarrow 8$　蒸気タービン内の断熱膨張（外部への仕事）

　　　$8 \rightarrow 1$　蒸気の再加熱（再熱器での熱の受け取り）

　　　$1 \rightarrow 2$　蒸気タービン内の断熱膨張（外部への仕事）

　　　$2 \rightarrow 3$　復水器内の等温，等圧凝縮

　　　$3 \rightarrow 4$　復水を給水ポンプで断熱圧縮（加圧）

　　　$4 \rightarrow 5$　水の沸点までの加熱（ボイラーでの熱の受け取り）

　　　$5 \rightarrow 6$　水の蒸発（ボイラーでの熱の受け取り）

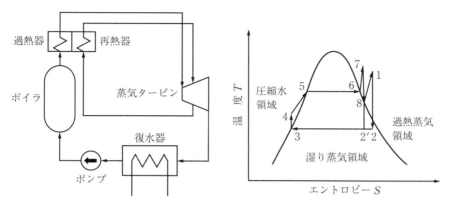

図7.8 再熱ランキンサイクル   **図7.9** 再熱ランキンサイクルの T-S 線図

6 → 7　蒸気の過熱（過熱器での熱の受け取り）

　再加熱のないランキンサイクルに比べると，蒸気の再加熱と断熱膨張の2つの過程が増えている。再加熱のないランキンサイクルの場合と同様に，受け取った熱量と外部になす仕事を計算すると以下のようになる。

　水は4の状態から予熱器（ボイラーに付属）で水の沸点まで暖められ（4 → 5），ボイラーで蒸気となり（5 → 6），さらに過熱器で蒸気が過熱される（6 → 7）。これが水の加熱の過程であるので，水が受け取る熱量は7の状態と4の状態のエンタルピーの差である。したがって，この最初の過程で水の受け取る熱量 Q_{11} は

$$Q_{11} = h_7 - h_4 \tag{7.14}$$

となる。

　再加熱によって水が追加に受け取る熱量は，蒸気の再加熱（8 → 1）でのエンタルピー差であるので，この過程で水の受け取る熱量 Q_{12} は

$$Q_{12} = h_1 - h_8 \tag{7.15}$$

となる。水の受け取る熱の総量 Q_1 はこれらの合計である。

$$Q_1 = (h_7 - h_4) + (h_1 - h_8) = (h_1 - h_4) + (h_7 - h_8) \tag{7.16}$$

　一方，復水器において蒸気が外界へ排出する熱量 Q_2 は

$$Q_2 = h_2 - h_3 \tag{7.17}$$

$7 \to 8$, $1 \to 2$ の過程で蒸気タービンのなす仕事 W_T は，開放系であるので入口と出口のエンタルピーの差で与えられる。

$$W_T = (h_1 - h_2) + (h_7 - h_8) \tag{7.18}$$

となる。一方，給水ポンプが系になす仕事 w_p は

$$w_p = h_4 - h_3 \tag{7.19}$$

であるので，これを用いて再熱ランキンサイクルの熱効率（理論効率）η_{th} は次式で与えられる。

$$\eta_{th} = \frac{Q_1 - Q_2}{Q_1} = \frac{(h_1 - h_4) + (h_7 - h_8) - (h_2 - h_3)}{(h_1 - h_4) + (h_7 - h_8)}$$

$$= \frac{(h_1 - h_2) + (h_7 - h_8) - (h_4 - h_3)}{(h_1 - h_3) + (h_7 - h_8) - (h_4 - h_3)} = \frac{w_T - w_p}{(h_1 - h_3) + (h_7 - h_8) - w_p} \tag{7.20}$$

給水ポンプのなす仕事 w_p は，蒸気タービンのなす仕事 w_T に比べて十分小さいので，式 (7.20) はつぎのように近似される。

$$\eta_{th} \cong \frac{w_T}{(h_1 - h_3) + (h_7 - h_8)} = \frac{(h_1 - h_2) + (h_7 - h_8)}{(h_1 - h_3) + (h_7 - h_8)} \tag{7.21}$$

例題7.3

例題 7.2 と同じく，タービン入口蒸気圧力 10 MPa，蒸気温度 500 ℃，復水器圧力 0.01 MPa で運転しているランキンサイクルがある。1 段目の蒸気が飽和蒸気となった場合に，再び等圧加熱して 500 ℃ の過熱蒸気としてタービンを回す再熱サイクルを考える。この場合に，タービンがなす仕事，復水器での放熱量，ボイラーでの加熱量，ポンプがなす仕事，サイクルの効率を求めなさい。

解答

過熱蒸気表より 10 MPa，蒸気温度 500 ℃ の比エンタルピー h_7 は 1 kg 当り 3 375.1 kJ/kg，比エントロピー s_7 は 6.600 kJ/(kg·K)

飽和蒸気表より，等エントロピー変化で飽和蒸気になる場合の飽和圧力は 0.8 MPa，比エンタルピー h_8 は 2 768.3 kJ/kg。この圧力で再加熱して 500 ℃ とした

過熱蒸気の比エンタルピー h_1 は 3 481.3 kJ/kg，比エントロピーは 7.869 6 kJ/（kg·K）。再熱器での再加熱量は

3 481.3 − 2 768.3 = 713 kJ

飽和蒸気表より，0.01 MPa での飽和水の比エントロピー $s_3{}'$ は 0.649 2 kJ/（kg·K），比エンタルピー h_3 は 191.8 kJ/kg，飽和蒸気の比エントロピー $s_3{}''$ は 8.148 8 kJ/（kg·K），比エンタルピー $h_3{}''$ は 2 583.9 kJ/kg。

等エントロピー膨張なので，タービン出口の湿り蒸気の乾き度 X は

8.148 8 X + 0.649 2 (1 − X) = 7.869 6 から求められ

X = (7.869 6 − 0.649 2)/(8.148 8 − 0.649 2) = 0.962 8

よって湿り蒸気の比エンタルピー h_2 は

(1 − 0.962 8) × 191.8 + 0.962 8 × 2 583.9 = 2 494.9 kJ/kg

したがって，蒸気タービンがなす仕事は

$(h_7 − h_8) + (h_1 − h_2)$ = (3 375.1 − 2 768.3) + (3 481.3 − 2 494.9) = 1 593.2 kJ/kg

復水器での放熱量は

$h_2 − h_3$ = 2 494.9 − 191.8 = 2 303.1 kJ/kg

凝縮水はポンプで等エントロピー加圧され 10 MPa になる。このとき圧縮水の温度は 46.3 ℃，比エンタルピー h_4 は 202.5 kJ。これは付録4 圧縮水の付表4.1 より，比エントロピーが 0.649 2 kJ/（kg·K）になるような温度，ならびに比エンタルピーとして，内挿により求められる。

したがって給水ポンプがなす仕事は

$h_4 − h_3$ = 202.5 − 191.8 = 10.7 kJ/kg

ボイラーでの加熱量は

$h_7 − h_4 + h_1 − h_8$ = (3 375.1 − 202.5) + (3 481.3 − 2 768.3) = 3 885.6 kJ/kg

再熱ランキンサイクルの効率は

$((h_7 − h_8) + (h_1 − h_2))/((h_1 − h_3) + (h_7 − h_8))$ = 1 593.2/3 896.3 = 0.409 = 40.9 %

これを，再熱のないランキンサイクルの熱効率の式（7.13）と比較すると，分母分子に $(h_7 − h_8)$ が加わった形となる。再熱のないランキンサイクルの熱効率の式（7.13）は当然 1 より小さいので，この分子分母に同じ量が加われば熱効率は大きくなる。したがって，再熱ランキンサイクルのほうが熱効率が上がる。

再熱サイクルを一段増やすごとに再熱での仕事量が分母分子に加わっていく

ので，再熱する段数が増えるほど効率は上がる。しかしながら，再熱する段数が大きくなるに従い，効率の上がり方は小さくなる。また，再熱過程を 1 段加えることは，配管や再熱器，タービンを追加で設けることになり，設備費がかかる。したがって，経済性を考慮した再熱サイクルは多くても 2 段か 3 段程度である。

7.4 | 再生ランキンサイクル

ランキンサイクルの効率を上げる方法としては，復水器で凝縮熱として排出される熱量を小さくする方法がある。復水器では蒸気の持つ大量のエネルギーが冷却水（主として海水）に捨てられる。したがって，蒸気タービンで膨張中の蒸気の一部を抽出（抽気という）し，蒸気の熱量の一部を給水に加えて蒸発潜熱の一部を回収（再生）する方法が有効である。これを**再生ランキンサイクル**（regenerative Rankine cycle）という。再生ランキンサイクルの概念図を**図 7.10** に示す。また，T-S 線図を**図 7.11** に示す。

図 7.11 において，蒸気タービンでの抽気割合を m とすると，タービン出口での蒸気割合は $1-m$ となる。これを考慮すると，再生ランキンサイクルの動

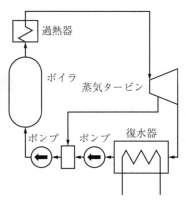

図 7.10 再生ランキンサイクルの
概念図

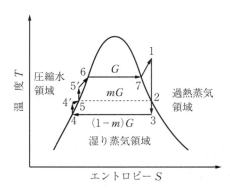

図 7.11 再生ランキンサイクルの
T-S 線図

作は以下のようになる。

$1 \rightarrow 2$ 蒸気タービン内の断熱膨張（外部への仕事）

2で蒸気が m と $(1-m)$ に分岐 $(0 < m < 1)$

$(1-m)$ の蒸気について

$2 \rightarrow 3$ 蒸気タービン内の断熱膨張（外部への仕事）

$3 \rightarrow 4$ 復水器内の等圧凝縮

$4 \rightarrow 4'$ 復水を給水ポンプで断熱圧縮

$4' \rightarrow 5$ m の蒸気と一緒になり昇温

$5 \rightarrow 5'$ 復水を給水ポンプで断熱圧縮

$5' \rightarrow 6$ 水の沸点までの加熱（ボイラーでの熱の受け取り）

$6 \rightarrow 7$ 水の蒸発（ボイラーでの熱の受け取り）

$7 \rightarrow 1$ 蒸気の過熱（過熱器での熱の受け取り）

水は $5'$ の状態から予熱器（ボイラーに付属）で水の沸点まで暖められ $(5' \rightarrow 6)$，ボイラーで蒸気となり $(6 \rightarrow 7)$，さらに過熱器で蒸気が過熱される $(7 \rightarrow 1)$。これが水の加熱の過程であるので，水が受け取る熱量は1の状態と $5'$ の状態のエンタルピーの差である。したがって，水が受け取る熱量 Q_1 は

$$Q_1 = h_1 - h_{5'} \tag{7.22}$$

となる。一方，復水器において蒸気が外界へ排出する熱量 Q_2 は

$$Q_2 = m(h_3 - h_4) \tag{7.23}$$

$1 \rightarrow 2$ の過程で蒸気タービンのなす仕事 W_{T_1} は，開放系であるので入口と出口のエンタルピーの差で与えられる。

$$W_{T_1} = h_1 - h_2 \tag{7.24}$$

$2 \rightarrow 3$ の過程で蒸気タービンのなす仕事 W_{T_2} は，開放系であるので $1-m$ の割合の蒸気の入口と出口のエンタルピーの差で与えられる。

$$W_{T_2} = (1-m)(h_2 - h_3) \tag{7.25}$$

となる。よって蒸気のする仕事 W_T は

$$W_T = h_1 - h_2 + (1-m)(h_2 - h_3) \tag{7.26}$$

　ポンプのなす仕事がタービンのなす仕事に比べて小さいとすれば，再生ラン
キンサイクルの熱効率（理論効率）η_{th} は次式で近似される（$h_5{}' \fallingdotseq h_5$ として）。

$$\eta_{th} = \frac{W_T}{Q_1} = \frac{(h_1 - h_2) + (1 - m)(h_2 - h_3)}{h_1 - h_5} \tag{7.27}$$

　ここで分岐の割合 m は，5の点でちょうど飽和液になることから求められ
る。すなわち

$$m(h_2 - h_5) = (1 - m)(h_5 - h_4{}') \tag{7.28}$$

より

$$m = \frac{h_5 - h_4{}'}{h_2 - h_4{}'} \tag{7.29}$$

　再生ランキンサイクルでは，外部に捨てる熱の一部を回収しているので，式
（7.27）の熱効率は，再生を行わないランキンサイクルの効率（$m = 0$）の場合
の効率 η_{th_0} よりも明らかに大きくなる。

$$\eta_{th_0} = \frac{h_1 - h_3}{h_1 - h_5} \tag{7.30}$$

　再生ランキンサイクルの場合も，再生を何回も繰り返すことによって効率は
上がる。しかしながら，再熱の場合と同じく，1段加えることは配管や再熱器
を設けることになり設備費がかかる。したがって，経済性を考慮した再生ラン
キンサイクルは多くても2段か3段程度である。

　なお，式（7.29）では蒸気と凝縮水を直接混合したが，これを流路壁を隔て
て熱交換する方法もとられている。この場合，m の割合の蒸気は熱交換器に
おいて凝縮水と熱交換されるので，熱量のバランスはつぎのようになる。

$$m(h_2 - h_5) = (h_5 - h_4{}') \tag{7.31}$$

これから

$$m = \frac{h_5 - h_4{}'}{h_2 - h_5} \tag{7.32}$$

　分岐する割合 m は，直接混合する場合（式（7.30））よりも大きくなる。こ
の場合も効率の式（7.27）はそのまま成り立つ。

例題7.4

例題 7.2 と同じく，タービン入口蒸気圧力 10 MPa，蒸気温度 500 ℃，復水器圧力 0.01 MPa で運転しているランキンサイクルがある。1 段目の蒸気が飽和蒸気となった場合に一部（$0<m<1$）を抽気して凝縮水と混合し，飽和温度にする再生ランキンサイクルを考える。この場合に，抽気割合 m，蒸気タービンがなす仕事，復水器での放熱量，ボイラーでの加熱量，給水ポンプがなす仕事，サイクルの熱効率を求めなさい。

解答

過熱蒸気表より 10 MPa，蒸気温度 500 ℃ の比エンタルピー h_1 は 1 kg 当り 3 375.1 kJ/kg，比エントロピーは 6.600 kJ/(kg·K)。

飽和蒸気表より，等エントロピー変化で飽和蒸気になる場合の飽和圧力は 0.8 MPa，飽和温度は 170.4 ℃，飽和蒸気の比エンタルピー h_2 は 2 768.3 kJ/kg，飽和液の比エンタルピー h_5 は 720.9 kJ/kg，比エントロピーは 2.045 7 kJ/(kg·K)。

飽和蒸気表より，0.01 MPa での飽和水の比エントロピーは 0.649 2 kJ/(kg·K)，比エンタルピー h_4 は 191.8 kJ/kg，飽和蒸気の比エントロピーは 8.148 kJ/(kg·K)，比エンタルピーは 2 583.9 kJ/kg。

等エントロピー膨張なので，蒸気タービン出口の湿り蒸気の乾き度 X は

$$8.148\,8X+0.649\,2\,(1-X)=6.600$$

から求められ

$$X=(6.600-0.649\,2)/(8.148\,8-0.649\,2)=0.793\,5$$

湿り蒸気の比エンタルピー h_3 は

$$(1-0.793\,5)\times191.8+0.793\,5\times2\,583.9=2\,089.9\ \text{kJ/kg}$$

抽気割合 m は式 (7.32) より

$$m=\frac{h_5-h_4}{h_2-h_4}=\frac{720.9-191.8}{2\,768.3-191.8}=0.205$$

したがって，蒸気タービンがなす仕事は式 (7.26) より

$$w_T=h_1-h_2+(1-m)(h_2-h_3)$$
$$=(3\,375.1-2\,768.3)+(1-0.205)(2\,768.3-2\,089.9)=1\,146.1\ \text{kJ/kg}$$

復水器での放熱量は

$$(1-m)(h_3-h_4)=(1-0.205)(2\,089.9-191.8)=1\,508.9\ \text{kJ/kg}$$

凝縮水は給水ポンプで等エントロピー加圧され，まず 0.01 MPa から 0.8 MPa までの加圧では，0.8 MPa の圧縮水は 45.9 ℃ で比エンタルピー $h_4{}'$ は 192.8 kJ/

kg なので，このときのポンプの仕事は

$$(1-m)(h_4'-h_4)=0.742\times(192.8-191.8)=0.7\,\text{kJ/kg}$$

抽気された蒸気と混合し，0.8 MPa の飽和水となり，再び給水ポンプにより等エントロピー加圧され，10 MPa になる。

このとき，圧縮水の温度は 171.7℃，比エンタルピー h_5' は 731.6 kJ/kg。

したがって給水ポンプがなす仕事は

$$h_5'-h_5=731.6-720.9=10.7\,\text{kJ/kg}$$

ポンプの仕事の総量は

$$(1-m)(h_4'-h_4)+h_5'-h_5=0.7+10.7=11.4\,\text{kJ/kg}$$

ボイラーでの加熱量は

$$h_1-h_5'=(3\,375.1-731.6)=2\,643.5\,\text{kJ/kg}$$

再生ランキンサイクルの熱効率は

$$((h_1-h_2)+(1-m)(h_2-h_3))/(h_1-h_5)=1\,146.1/2\,654.2=0.432=43.2\,\%$$

■

演 習 問 題

〔**7.1**〕　0.05 MPa の飽和蒸気を飽和水にするときに，蒸気 1 kg 当りに放出する熱量を求めなさい。また，このとき外部から蒸気にされる仕事を求めなさい。このとき，蒸気 1 kg 当りの内部エネルギーの減少，エントロピーの減少はどれだけか答えなさい。

〔**7.2**〕　図 7.2，図 7.3 のような相変化を用いた熱機関がある。高圧側の圧力を 5 MPa，低圧側の圧力を 0.05 MPa とするとき，水 1 kg 当りに吸収する熱量，放出する熱量，外部になす仕事を求め，この熱機関の効率を求めなさい。また，高温側の温度，低温側の温度を求め，それぞれを高温熱源，低温熱源として働くカルノーサイクルの熱効率を求め，比較しなさい。

〔**7.3**〕　タービン入口蒸気圧力 10 MPa，蒸気温度 500℃，復水器圧力 0.05 MPa で運転しているランキンサイクルの熱効率を求め，例題 7.2 の条件の効率と比較し，復水器の圧力の影響について述べなさい。

〔**7.4**〕　タービン入口蒸気圧力 10 MPa，蒸気温度 600℃，復水器圧力 0.01 MPa で運転しているランキンサイクルの熱効率を求め，例題 7.2 の条件の効率と比較し，蒸気温度の影響について述べなさい。

〔**7.5**〕　タービン入口蒸気圧力 6 MPa，蒸気温度 500℃，復水器圧力 0.01 MPa で運

転しているランキンサイクルの熱効率を求め，例題 7.2 の条件の効率と比較し，タービン入口蒸気圧力の影響について述べなさい。

〔**7.6**〕 例題 7.2 と同じ条件で動くランキンサイクルがある。これを出力 100 万 kW の火力発電所に用いるとき，1 時間当りの蒸気発生量，ならびに燃料消費量を求めなさい。ただし，燃料には重油を用い，重油の発熱量を 42 MJ/kg とする。

〔**7.7**〕 タービン入口蒸気圧力 10 MPa，蒸気温度 500 ℃，復水器圧力 0.01 MPa で運転しているランキンサイクルがある。1 段目の蒸気が飽和蒸気となった場合に再び等圧過熱して，600 ℃の過熱蒸気としてタービンを回す再熱サイクルを考える。この場合サイクルの効率を求めなさい。これを例題 7.3 と比較し，再熱温度の影響について述べなさい。

〔**7.8**〕 タービン入口蒸気圧力 10 MPa，蒸気温度 500 ℃，復水器圧力 0.01 MPa で運転しているランキンサイクルがある。1 段目の蒸気が 300 ℃となった場合に一部（$0 < m < 1$）を抽気して凝縮水と混合し，飽和温度にする再生サイクルを考える。この場合の，サイクルの効率を求めなさい。これを例題 7.4 と比較し，再生サイクルの効率に及ぼす蒸気の抽気温度の影響を述べなさい。

8章 ▶ 冷凍機とヒートポンプ

◆本章のテーマ

熱力学のもう一つの重要な応用として，冷凍機とヒートポンプがある。本章では，冷凍機とヒートポンプの原理を熱力学的に説明するとともに，理論的な冷凍機とヒートポンプのサイクルである逆カルノーサイクルについて，その熱収支，仕事，および成績係数について解説する。つぎに，実際的な冷凍機とヒートポンプのサイクルである気液二相サイクル（相変化サイクル）について，それを構成する過程，各過程の熱収支，仕事，成績係数の計算方法を示す。さらに，吸収式冷凍機とヒートポンプについて，その動作原理を解説する。

◆本章の構成（キーワード）

8.1 概　説

8.2 逆カルノーサイクル

　　　ヒートポンプ，熱効率，成績係数

8.3 気液二相サイクルを用いた冷凍機とヒートポンプ

　　　蒸発器，凝縮器，膨張弁

8.4 吸収式冷凍機とヒートポンプ

　　　加熱濃縮，希釈熱，ガス冷房

◆本章を学ぶと以下の内容をマスターできます

☞ 冷凍機とヒートポンプの熱力学的原理を理解できる

☞ 逆カルノーサイクルを用いた理論的な冷凍機とヒートポンプの熱収支，仕事，成績係数が理解でき，理論的な成績係数の最大値を計算できる

☞ 相変化を利用した気液二相サイクルを用いた冷凍機とヒートポンプの原理が理解でき，熱収支，仕事，成績係数の計算方法がわかる

☞ 吸収式冷凍機とヒートポンプの原理が理解できる

8.1 概　　説

　7章までに熱を仕事に変換する熱機関について，ガスサイクルと気液二相サイクルについて述べた。いずれも高温の熱源から熱を受け取り，低温の熱源に熱を捨てて，その差を仕事として取り出す。取り出せる仕事の割合，すなわち熱効率の上限は熱力学第2法則によって決められるが，それぞれの熱機関について，高温熱源からの熱の受け取りと，低温熱源への熱の排出量を計算して，熱効率を計算することができた。こうした計算方法が熱力学の応用の最も重要なものであり，その計算は複雑な数学的手法を使わなくても，T-S線図等を用いて比較的簡単に計算できることが示された。

　熱機関は熱を仕事に変換する装置であるが，それを逆に動かすと，仕事を用いて熱を低温部分から高温部分に移動させることが可能となる。これが**冷凍機**（refrigerating machine）と**ヒートポンプ**（heat pump）である。熱力学第2法則のところで述べたように，熱は高温部分から低温部分には自然に移動するが，何もせずに低温部分から高温部分に移動することはない。これは，全体のエントロピー変化がつねにゼロか正でなければならないからである。しかし，外部から仕事を加えれば，全体のエントロピーを減少させることなく，低温部分から高温部分に熱を移動させることができる。

　図8.1が冷凍機とヒートポンプの概念図である。

　この図では，温度の低い部分（絶対温度 T_2）から Q_2 の熱を吸収して，温度の高い部分（絶対温度 T_1）に Q_1 の熱を排熱するものである。このとき，熱は

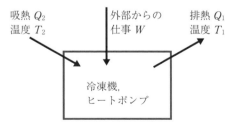

図8.1　冷凍機とヒートポンプの概念図

温度の低いところから温度の高いところへ運ばれるので，一見すると熱力学第
2法則に反するように見える。しかしながら，Q_2 と Q_1 がつぎの式

$$\frac{Q_1}{T_1} \geq \frac{Q_2}{T_2} \tag{8.1}$$

を満たせば，高温側のエントロピーの増加は Q_1/T_1，低温側のエントロピーの
減少は $-Q_2/T_2$ であるので，全体としてのエントロピーは

$$\frac{Q_1}{T_1} - \frac{Q_2}{T_2} \geq 0 \tag{8.2}$$

となり，熱力学第2法則を満たしている。この場合は外部から仕事 W を加え
ているので

$$Q_1 = Q_2 + W \tag{8.3}$$

であり，Q_2 は Q_1 よりも小さいので W を式 (8.1) を満たすように

$$W \geq Q_1 \left(1 - \frac{T_2}{T_1} \right) \tag{8.4}$$

とすれば，低温部分から高温部分への熱の移動が可能となる。このようにし
て，自然には起こらない低温側から高温側への熱の移動が可能となっているの
である。

　図8.1 および上述の関係式は，冷凍機もヒートポンプも同じである。冷凍機
（あるいはクーラー）は低温側からの熱の吸収を利用するもの，すなわち冷却，
冷房であり，ヒートポンプは高温側の熱の排出を利用するもの，すなわち加
熱，暖房である。

　また，こうした冷凍機とヒートポンプは，熱機関と同様のガスサイクルや気
液二相サイクルを逆方向に運転して用いるが，用いている温度の範囲はかなり
異なる。冷凍機では低温側の温度が常温からマイナス数十℃であり，ヒートポ
ンプでは高温側の温度は常温から 100℃程度以下である。したがって，動作す
る流体（**冷媒**（refrigerant）と呼ばれる）も熱機関とは異なるものを用いる。

　いま，冷凍機，ヒートポンプは熱機関を逆に動かすと述べたが，熱機関で同
じ状態を通って逆に動かすことが可能なものは，可逆サイクルのみである。そ

のほかの熱機関は，同じ状態を通って逆に動かすことはできない。以下では，まず，可逆機関であるカルノーサイクルの逆サイクルを考えて，冷凍機，ヒートポンプの特性を把握し（カルノーサイクルの逆機関は実際に作るのは現実的ではない），つぎに，実用に供されている冷凍機，ヒートポンプについて述べる。

8.2 逆カルノーサイクル

　カルノーサイクルを逆方向に動かす**逆カルノーサイクル**（reversed Carnot cycle）のp-V線図を**図8.2**に，T-S線図を**図8.3**に示す。これはガスサイクルのところで述べたカルノーサイクルの動作の方向（図の矢印）が，逆になったものである。カルノーサイクルは可逆サイクル（すべての過程が可逆過程）であるので，このような逆サイクルも可能である。

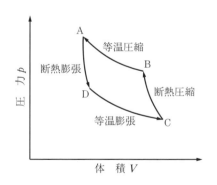

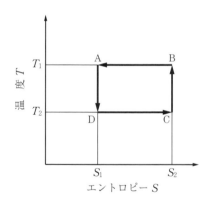

図8.2 逆カルノーサイクルのp-V線図	**図8.3** 逆カルノーサイクルのT-S線図

　逆カルノーサイクルでは，熱の吸収，排出も，仕事の取り出しや仕事を加える方向もまったく逆となる。逆カルノーサイクルは，つぎのような過程からなる。

　A→D　断熱膨張：　外部へ仕事をして，温度がT_1からT_2に下がる。

D → C	等温膨張：	外部へ仕事をする。温度 T_2 の低温熱源から熱を吸収。
C → B	断熱圧縮：	外部から仕事をされ，温度が T_2 から T_1 に上がる。
B → A	等温圧縮：	外部から仕事をされる。温度 T_1 の高温熱源へ熱を排出。

図 8.3 から，等温膨張の際に低温熱源から吸収する熱量 Q_2 は長方形 DCS_2S_1 の面積であり，つぎのように与えられる。

$$Q_2 = T_2(S_2 - S_1) \tag{8.5}$$

また，等温圧縮の際に高温熱源へ排出する熱量 Q_1 は長方形 BAS_1S_2 の面積であり，つぎのように与えられる。

$$Q_1 = T_1(S_2 - S_1) \tag{8.6}$$

熱力学第 1 法則により，このカルノーサイクルが正味外部からなされた仕事 W（外部からなされた仕事から外部になした仕事を引いたもの）は，排出した熱量と吸収した熱量の差であるので

$$W = Q_1 - Q_2 = (T_1 - T_2)(S_2 - S_1) \tag{8.7}$$

逆カルノーサイクルも可逆サイクルであるので，サイクルを動かしたときのエントロピーの変化はゼロとなる。つまり，T_1 の高温熱源のエントロピー増加量と，T_2 の低温熱源のエントロピーの減少量の和は，式 (8.5) と式 (8.6) より次式のとおりゼロとなる。

$$\frac{Q_1}{T_1} - \frac{Q_2}{T_2} = (S_2 - S_1) - (S_2 - S_1) = 0 \tag{8.8}$$

逆カルノーサイクルは，仕事を加えて低温部から高温部へ熱を移動させる場合に最大の効率をもつ。

まず冷凍や冷房の場合を考えてみると，W の仕事を加えて低温熱源から Q_2 の熱量を吸収するので，加えた仕事の量と冷却する熱量の比 ε_C はつぎのように与えられる。

$$\varepsilon_C = \frac{Q_2}{W} = \frac{Q_2}{Q_1 - Q_2} = \frac{T_2}{T_1 - T_2} = \frac{1}{1 - T_2/T_1} - 1 = \frac{1}{\eta_{th}} - 1 \tag{8.9}$$

これを**冷凍機の成績係数**（COP of refrigerating machine）ε_C と呼ぶ。

ここで，η_{th} はカルノーサイクルを熱機関として動作させたときの熱効率である。

つぎにヒートポンプの場合を考えると，W の仕事を加えて，高温熱源に Q_1 の熱量を排出するので，仕事の量と排出する熱量の比 ε_H はつぎのように与えられる。

$$\varepsilon_H = \frac{Q_1}{W} = \frac{Q_1}{Q_1 - Q_2} = 1 + \varepsilon_C = \frac{1}{\eta_{th}} \tag{8.10}$$

これを**ヒートポンプの成績係数**（COP of heat pump）ε_H と呼ぶ。

以上のようにして，逆カルノーサイクルを用いて最大効率の冷凍機やヒートポンプを理論的に示すことができる。しかしながら，このようなガスサイクルの逆カルノーサイクルを用いた冷凍機やヒートポンプを作製することは，事実上不可能である。実際には，アンモニアや CO_2 あるいはエアコンや冷蔵庫に使われている HFC（ハイドロフルオロカーボン）と呼ばれる**冷媒**を用いた気液二相サイクルによって，冷凍機やヒートポンプが作られている。

例題8.1

逆カルノーサイクルを用いて部屋の冷房を行う場合を考える。部屋（低温熱源）の温度を 25℃，室外機（高温熱源）の温度を 35℃としたとき，この冷房（冷凍機と同じ）の成績係数を求めなさい。この冷房を動作させるために必要な動力が 1 kW のとき，部屋の中を冷房する能力（1 時間当り部屋から吸収する熱量 cal/h）を求めなさい。

解答

低温熱源の温度 25℃は 298 K，高温熱源の温度 35℃は 308 K であるので，式 (8.9) より成績係数は

$$\varepsilon_C = \frac{1}{1 - T_2/T_1} - 1 = \frac{1}{1 - (298/308)} - 1 = 29.8$$

1 kW に対して 29.8 kW の冷房能力。1 時間当りにすると

29.8×3 600/4.185 5 = 25 631 kcal/h

理想的な逆カルノーサイクルを考えているが，実際の冷房の成績係数はこんなに大きくはない。

例題8.2

逆カルノーサイクルを用いて部屋の暖房を行う場合を考える。部屋（高温熱源）の温度を 25 ℃，室外機（低温熱源）の温度を 5 ℃ としたとき，この暖房の成績係数を求めなさい。この暖房を動作させるのに必要な動力が 1 kW のとき，部屋の中を暖房する能力（1 時間当り部屋に供給する熱量 cal/h）を求めなさい。

解答

低温熱源の温度 5 ℃ は 278 K，高温熱源の温度 25 ℃ は 298 K であるので，式 (8.10) より成績係数は

$$\varepsilon_H = 1 + \varepsilon_C = \frac{1}{1 - T_2/T_1} = \frac{1}{1 - (298/308)} = 30.8$$

1 kW に対して 30.8 kW の暖房能力。電気ヒータを用いるのに比べて 30.8 倍の熱を供給できる。1 時間当りにすると

$$30.8 \times 3\,600/4.185\,5 = 26\,491 \text{ kcal/h}$$

理想的な逆カルノーサイクルを考えているが，実際の暖房の成績係数はこんなに大きくはない。

8.3 気液二相サイクルを用いた冷凍機とヒートポンプ

実際の冷凍機やヒートポンプは，相変化を利用した気液二相サイクルを用いて作られている。これは，熱機関のランキンサイクルに相当するものである。サイクルの形式としては，気液二相サイクルの熱機関を逆方向に動かしたものに類似したものになっている。

また，用いる冷媒は，冷凍，冷房，暖房等に適した温度領域で，沸騰や凝縮

を起こす流体が用いられている。冷凍機には主としてアンモニアやHFC（ハイドロフルオロカーボン）が，ヒートポンプにはCO$_2$やHFC等の冷媒が用いられる。以前は，CFC（クロロフルオロカーボン）やHCFC（ハイドロクロロフルオロカーボン）が冷蔵庫やエアコン（ヒートポンプとクーラー）に用いられていたが，これらの冷媒はオゾン層破壊や地球温暖化を促進するので用いられなくなり，現在は環境負荷の小さい冷媒が用いられている。

　気液二相サイクルを用いた冷凍機とヒートポンプの概念図を，**図8.4**に示す。

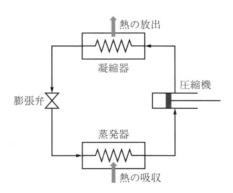

図8.4　気液二相サイクルを用いた冷凍機と
ヒートポンプの概念図

　まず，冷媒を**圧縮機**（compressor）を用いて冷媒を断熱圧縮する。これにより冷媒の温度は上昇する。これを**凝縮器**（condenser）で冷却すると凝縮して液体となる。この際，高温熱源に熱を放出する。冷凍機では，この熱は大気中に捨てるが，ヒートポンプではこの熱を室内に取り入れて暖房や熱源とする。

　凝縮した冷媒は，**膨張弁**（expansion valve）と呼ばれる弁（絞りを入れて流路を狭くしたオリフィスのようなもの）を通して膨張させ，圧力を下げる。熱機関では，この部分で断熱膨張をさせてタービン等で仕事を取り出していたが，冷凍機やヒートポンプは仕事を取り出す装置ではないので，簡単な膨張弁（非常に単価が安い）を介して圧力のみを下げている。圧力が下がったことによって液体は沸騰を始める。これは**蒸発器**（vaporizer）で行われ，この際，低

温熱源から熱を吸収する。

　冷凍機や冷蔵庫，クーラーなどではこれを利用して，冷却や部屋の冷房を行う。冷凍庫や冷蔵庫ではつねに冷却のみを用いるが，エアコンでは冬は暖房，夏は冷房を用いる。したがって，冬は室内に凝縮器，室外に蒸発器を置き，夏は室内に蒸発器，室外に凝縮器を置く。しかし夏と冬で，室内と室外の機器を入れ替えるわけにはいかないので，図8.4の冷媒の流れる方向を四方弁と呼ばれる弁で切り替える。

　このような冷凍機とヒートポンプを，圧縮機がついているので**蒸気圧縮式冷凍機**（vapor-compression refrigerating machine），あるいは**蒸気圧縮式ヒートポンプ**（vapor-compression heat pump）と呼ぶ。一方でこうした圧縮機を持たない冷凍機とヒートポンプもある。これについては後述する。

　蒸気圧縮式の冷凍機とヒートポンプは，沸騰と凝縮という相変化を利用したサイクル，すなわち気液二相サイクルで運転している。そのp-V線図を**図8.5**に，T-S線図を**図8.6**に示す。これらは，7章で述べたランキンサイクルを逆回しにしたものに類似したものになっている。7章で述べたように，気液二相領域の中での沸騰凝縮を使い，気液二相サイクルでも可逆サイクルの熱機関を作ることは原理的には可能である。しかしながら，くり返しになるがこのような気液二相の可逆サイクルの熱機関は非常に動作が難しく，実際的ではない。

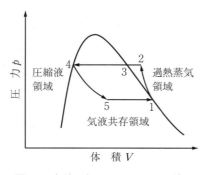

図8.5　気液二相サイクルのp-V線図

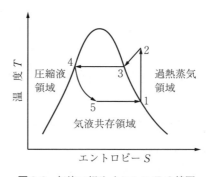

図8.6　気液二相サイクルのT-S線図

図8.5，図8.6で1→2は断熱圧縮であり，飽和蒸気の冷媒を断熱状態で加圧する。その結果，冷媒の温度は上昇する。2→3→4ではこれを等圧で圧縮し，冷媒を凝縮させ飽和液とする。この際，外部に熱を放出する。ヒートポンプではこの熱を利用する。

4→5は膨張弁を用いて飽和液の冷媒の圧力を下げる。膨張弁は細い口径の穴から液体の冷媒を噴出するものであり，その過程ではエンタルピー（エントロピーではない）が一定となる。これにより，冷媒は沸騰して気液二相状態となる。5→1はこの二相状態の冷媒を等温，等圧下で膨張させて蒸発させ飽和蒸気とする。この過程で外部から熱を吸収する。冷凍機や冷蔵庫，エアコンのクーラーではこの熱の吸収を利用している。

冷凍機やヒートポンプも，ランキンサイクルと同じように，冷媒（作動流体）は管や圧縮機，膨張弁に気液二相状態で流入，流出している。すなわち，すべて開いた系である。したがって，これらの要素での外部になす仕事，外部からなされる仕事，外部から吸収する熱，外部へ放出する熱は，要素の入口と出口のエンタルピーの差から求めることができる。

気液二相サイクルでは，それぞれの点でのエンタルピーは用いる冷媒の蒸気表から求められる。冷凍機やヒートポンプでのHFC，アンモニア，CO_2等の冷媒についての蒸気表が用意されており，これを用いて効率（成績係数）を計算する。

図8.5，図8.6で，1→2の過程では圧縮機による仕事 W がなされる。W は次式で与えられる。

$$W = h_2 - h_1 \tag{8.11}$$

凝縮器で外部へ放出する熱量 Q_1 は，2→3→4の過程のエンタルピー差として次式で与えられる。

$$Q_1 = h_2 - h_4 \tag{8.12}$$

また，蒸発器で外部から吸収する熱量 Q_2 は，5→1の過程のエンタルピー差で与えられるので次式となる。

$$Q_2 = h_1 - h_5 \tag{8.13}$$

これらから，冷凍機の成績係数 ε_C はつぎのようになる。

$$\varepsilon_C = \frac{Q_2}{W} = \frac{h_1 - h_5}{h_2 - h_1} \tag{8.14}$$

またヒートポンプの成績係数 ε_H はつぎのようになる。

$$\varepsilon_H = \frac{Q_1}{W} = \frac{h_2 - h_4}{h_2 - h_1} \tag{8.15}$$

冷凍機やヒートポンプの設計では，**図 8.7** のような p–h 線図を用いる場合が多い。これは冷凍機やヒートポンプでは膨張弁が使われており，膨張弁ではエンタルピー一定であること，また等圧過程でのエンタルピー差から吸収する熱量や放出する熱量を求める際に，非常に便利であるからである。p–h 線図で相変化の状態を表したものを**モリエ線図**（Mollier chart）と呼び，よく利用される。

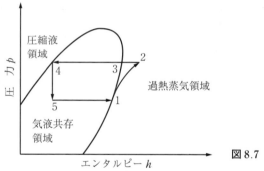

図 8.7　モリエ線図

例題8.3

アンモニアを作動流体として用いた，気液二相サイクルの冷凍機を考える。p–V 線図ならびに T–S 線図は図 8.5，図 8.6 で表されるとする。高温熱源の温度を 30 ℃，低温熱源の温度を −15 ℃ とした場合の，蒸気の最高温度，低温側から吸収する熱量，高温側に排出する熱量，外部からなす仕事，冷凍機の成績係数を求めなさい。ただし，アンモニア蒸気の比熱比 κ は 1.31 とし，理想気体の状態方程式に従うとする。また，30 ℃ の飽和圧力は 1.17 MPa，飽和蒸気の比エンタルピー h_3 は 521.41 kJ/kg，飽和液の比エンタルピー h_4 は

$-636.25\,\mathrm{kJ/kg}$,$-15\,℃$の飽和圧力は$0.235\,\mathrm{MPa}$,飽和蒸気の比エンタルピーh_1は$483.70\,\mathrm{kJ/kg}$とする。$1.17\,\mathrm{MPa}$でのアンモニアの過熱蒸気の比エンタルピーは$360\,\mathrm{K}$で$692.59\,\mathrm{kJ/kg}$,$380\,\mathrm{K}$で$754.28\,\mathrm{kJ/kg}$である。

解答

$-15\,℃$,$0.235\,\mathrm{MPa}$の飽和蒸気は断熱圧縮され$1.17\,\mathrm{MPa}$となる。このときの温度(蒸気の最高温度)は5章,式(5.40)より次式となる。

$$T_2 = T_1(p_1/p_2)^{-(\kappa-1)/\kappa} = 258\,(1.17/0.235)^{(1.31-1)/1.31} = 377\,\mathrm{K} = 104\,℃$$

この過熱蒸気の比エンタルピーh_2は,問題の条件の$360\,\mathrm{K}$と$380\,\mathrm{K}$の過熱蒸気の比エンタルピーから内挿して$745.03\,\mathrm{kJ/kg}$。

4から5までは等エンタルピー膨張なので$h_5 = h_4 = -636.25\,\mathrm{kJ/kg}$。

したがって,低温側から吸収する熱量は1と5のエンタルピーの差であり,アンモニア$1\,\mathrm{kg}$当り

$$h_1 - h_5 = 483.70 - (-636.25) = 1\,119.95\,\mathrm{kJ/kg}$$

高温側に排出する熱量は2と4のエンタルピー差であり

$$h_2 - h_4 = 745.03 - (-636.25) = 1\,381.28\,\mathrm{kJ/kg}$$

外部からなす仕事は1と2のエンタルピー差であり

$$h_2 - h_1 = 745.03 - 483.7 = 261.33\,\mathrm{kJ/kg}$$

これから冷凍機の成績係数は

$$\varepsilon_C = \frac{Q_2}{W} = \frac{h_1 - h_5}{h_2 - h_1} = \frac{1\,119.95}{261.33} = 4.29$$

これが実際の冷凍機の成績係数である。

上にも述べたように,冷凍機やヒートポンプでは膨張弁における膨張過程での仕事は用いていない。これが,冷凍機やヒートポンプの大きな損失となっている。この膨張過程での仕事を回収すれば,冷凍機やヒートポンプの性能はより向上する。

図8.8は,こうした膨張弁での仕事を回収する方法を用いた,冷凍機やヒートポンプの概念図である。この場合には飽和液となった冷媒の膨張は膨張弁を用いず,蒸気タービンを用いて仕事を取り出す。この蒸気タービンの出力軸と,冷媒を圧縮する圧縮機の軸をつないでおき,蒸気タービンで回収した仕事

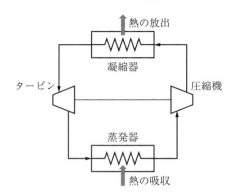

図 8.8 膨張弁での仕事を
回収する際の概念図

を圧縮機で用いれば，圧縮機での外部からの仕事（具体的には圧縮機を動かす電力）を減らすことができ，成績係数は向上する。

　ただしこの場合，膨張弁の代わりに高価な蒸気タービンを用いるので，設備費が大きくなる。したがって大掛かりな冷凍機やヒートポンプには応用されているが，家庭用のエアコンには価格が高くなりすぎるので用いられていない。

8.4 吸収式冷凍機とヒートポンプ

　8.3節に述べた蒸気圧縮式の冷凍機やヒートポンプは，圧縮機による仕事を用いて低温熱源から高温熱源へ熱を移動させているが，これとはまったく別の機械的仕事を用いない冷凍機とヒートポンプがある。**吸収式冷凍機**（vapor-absorption refrigerating machine）あるいは**吸収式ヒートポンプ**（vapor-absorption heat pump）と呼ばれるものである。一般に大掛かりな装置となり，ビルの冷暖房などに応用されている。また圧縮機がなく騒音がほとんど発生しないため，静寂を必要とする環境での冷蔵庫などにも用いられている。

　吸収式の冷凍機とヒートポンプの原理は，水に臭化リチウム（LiBr）などの**塩**（salt）が溶け込んでいるとき，その濃度によって水の蒸気圧が低下することを利用している。一般に，水に塩が溶け込んでいる場合には，塩の濃度が高いほど水の蒸気圧が下がる。したがって，純粋な水は大気圧下では 100℃で沸

騰するが，塩の溶け込んでいる水では100℃になっても沸騰しない。これは**沸点上昇**（boiling point elevation）と呼ばれている現象である。

　塩の濃度が濃い水溶液と純粋の水を，それぞれ別の容器に入れて温度を一定にしておくと，水蒸気は，濃度の高い水溶液にどんどん吸収されて純粋な水は蒸発して温度が下がり，純粋の水が蒸発する部分が蒸発器に相当して低温部分から熱を吸収する。水を吸収して濃度の下がった水溶液は加熱して水分を蒸発させて濃縮される。このとき発生した水蒸気は凝縮器で水になり熱を放出する。濃度の高い水溶液が希釈された際に発生する**希釈熱**（heat of dilution）も外部に放熱される。

　この場合には圧縮機や膨張弁，膨張タービンなどの機械的な要素は必要なく，希釈された塩の水溶液を加熱して煮詰める装置が必要となる。この加熱には都市ガスの燃焼が用いられる場合が多い。このような，吸収式冷凍機による冷房をガス冷房と呼ぶことがある。

　吸収式冷凍機とヒートポンプの構造の概念図を**図8.9**に示す。

　まず，1の容器で都市ガス等を用いて（電気ヒータでもよい）臭化リチウムの水溶液を加熱する。そうすると，水蒸気と濃縮液が発生する。水蒸気は2の

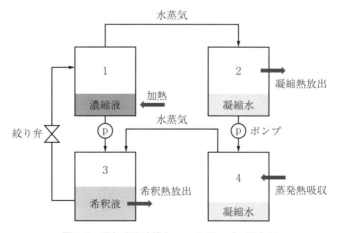

図8.9　吸収式冷凍機とヒートポンプの概念図

容器に導かれ，外部へ（高温部へ）熱を排出することによって凝縮し，純粋な水になる。濃縮された臭化リチウムの水溶液はポンプで3の容器に移される。凝縮した水もポンプで4の容器に移される。3の容器と4の容器は上部がパイプでつながっている。3の濃縮された臭化リチウムの水溶液は水の蒸気圧が低いので，パイプを通して水蒸気をどんどん吸収することで，4の蒸気部分の圧力が下がり，凝縮水は沸騰して蒸発熱を外部から吸収する。一方，濃縮された臭化リチウムの水溶液は水蒸気を吸収することによって希釈熱が発生するので，これを外部に排出する。同時に濃度の下がった臭化リチウム水溶液は，再び1の容器に移され加熱濃縮される。

　これらの過程が連続的に起こり，低温部から熱を吸収（冷凍，冷房）し高温部へ熱を排出（暖房）することができる。これが，吸収式の冷凍機とヒートポンプである。

演 習 問 題

〔**8.1**〕　図8.2の逆カルノーサイクルを用いて−5℃の低温熱源から熱を吸収し，25℃の高温熱源（部屋）に熱を供給する暖房のエアコンを考える。この暖房の成績係数を求めなさい。この場合，サイクルの最低圧力（点Cの圧力）を0.2 MPaとし，等温圧縮の場合の体積比（点Bの体積と点Aの体積の比）を3とするとき，サイクルの最高圧力（点Aの圧力）を求めなさい。ただし比熱比 κ を1.4としなさい。

〔**8.2**〕　逆カルノーサイクルを用いた冷凍機がある。高温熱源の温度を25℃とし，低温熱源の温度を−5℃，−15℃，−25℃とした場合の冷凍の成績係数，高温熱源を35℃とし，低温熱源の温度を−5℃，−15℃，−25℃とした場合の冷凍の成績係数を求め，成績係数に及ぼす高温熱源，低温熱源の温度の影響を述べなさい。

〔**8.3**〕　R134aというエアコンに用いられる冷媒を用いた，気液二相サイクルのヒートポンプを考える。p-V線図とT-S線図は，図8.5と図8.6で表されるとする。外気温度を−10℃，室内の温度を30℃とするとき，冷媒1 kg当り，外気から吸収する熱量，部屋に供給する熱量，外部からなす仕事，暖房の成績係数，冷房の成績係数を求めなさい。また，これを同じ温度条件で動作する逆カルノーサイクルの成績係数と比較しなさい。ただし，図8.5と図8.6の各点でのR134aの比エンタルピーは，$h_1 = 395$ kJ/kg，$h_2 = 422$ kJ/kg，$h_4 = h_5 = 241$ kJ/kg とする。

〔**8.4**〕　アンモニアを作動流体とし，高温熱源の温度が30℃，低温熱源の温度が－30℃の気液二相サイクルの冷凍機を考える。p-V線図ならびにT-S線図は，図8.5，図8.6で表されるとする。このアンモニア冷凍機の冷凍能力を1 800 MJ/hとするとき，アンモニアの循環流量，圧縮比，外部からなす仕事，冷凍機の成績係数を求めなさい。ただし，アンモニアの30℃における飽和圧力は1.17 MPa，飽和蒸気の比エンタルピーh_3は521.41 kJ/kg，飽和液の比エンタルピーh_4は－636.25 kJ/kg，－30℃における飽和圧力は0.129 MPa，飽和蒸気の比エンタルピーh_1は460.43 kJ/kgとする。1.17 MPaでのアンモニアの過熱蒸気比エンタルピーh_2は692.59 kJ/kgである。

〔**8.5**〕　アンモニアを作動流体として用いた，気液二相サイクルの冷凍機を考える。T-S線図を**問図 8.1**のようにし，高圧の飽和液を減圧する過程（4→5）を膨張弁を用いる等エンタルピー減圧ではなく，断熱膨張（等エントロピー膨張）に変えている。例題8.3と同じく高温熱源の温度を30℃，低温熱源の温度を－15℃としている。

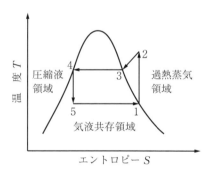

問図 8.1

　アンモニア1 kg当り低温側から吸収する熱量，高温側に排出する熱量，外部からなす仕事，冷凍機の成績係数を求めなさい。ただし，膨張過程で得られた仕事は，圧縮機には用いないとする。また例題8.3と比較して，膨張過程が成績係数に及ぼす影響を述べなさい。また，30℃の飽和圧力は1.17 MPa，飽和蒸気の比エンタルピーh_3は521.41 kJ/kg，飽和液の比エンタルピーh_4は－636.25 kJ/kg，比エントロピーS_4は6.134 kJ/(kg·K)，－15℃の飽和圧力は0.235 MPa，飽和蒸気の比エンタルピーh_1は483.70 kJ/kg，比エントロピーは10.498 kJ/(kg·K)，飽和液の比エンタルピー－823.34 kJ/kg，比エントロピーS_1は5.470 kJ/(kg·K)とする。1.17 MPaでのアンモニアの過熱蒸気の比エンタルピーh_2は745.03 kJ/kgとする。

1．飽和蒸気表（圧力基準）

付表 1.1

飽和圧力 p [MPa]	飽和温度 t [℃]	比容積 [m³/kg]		比内部エネルギー [kJ/kg]		比エンタルピー [kJ/kg]			比エントロピー [kJ/(kg·K)]		
		v'	v''	u'	u''	h'	h''	$h_{fg}=h''-h'$	s'	s''	$s_{fg}=s''-s'$
0.001	7.0	0.001 000	129.2	29.3	2 384.5	29.3	2 513.7	2 484.4	0.105 9	8.974 9	8.869 0
0.001 2	9.7	0.001 000	108.7	40.6	2 388.2	40.6	2 518.6	2 478.0	0.146 0	8.908 2	8.762 3
0.001 4	12.0	0.001 001	93.90	50.3	2 391.3	50.3	2 522.8	2 472.5	0.180 2	8.852 1	8.672 0
0.001 6	14.0	0.001 001	82.74	58.8	2 394.1	58.8	2 526.5	2 467.7	0.210 0	8.803 5	8.593 5
0.001 8	15.8	0.001 001	74.01	66.5	2 396.6	66.5	2 529.9	2 463.4	0.236 6	8.760 8	8.524 2
0.002	17.5	0.001 001	66.99	73.4	2 398.9	73.4	2 532.9	2 459.5	0.260 6	8.722 6	8.462 0
0.003	24.1	0.001 003	45.65	101.0	2 407.9	101.0	2 544.8	2 443.8	0.354 3	8.576 4	8.222 1
0.004	29.0	0.001 004	34.79	121.4	2 414.5	121.4	2 553.7	2 432.3	0.422 4	8.473 4	8.051 0
0.006	36.2	0.001 007	23.73	151.5	2 424.2	151.5	2 566.6	2 415.1	0.520 8	8.329 0	7.808 2
0.008	41.5	0.001 009	18.10	173.8	2 431.4	173.8	2 576.2	2 402.4	0.592 5	8.227 3	7.634 8
0.01	45.8	0.001 010	14.67	191.8	2 437.2	191.8	2 583.9	2 392.1	0.649 2	8.148 8	7.499 6
0.012	49.4	0.001 012	12.36	206.9	2 442.0	206.9	2 590.3	2 383.4	0.696 3	8.084 9	7.388 6
0.014	52.5	0.001 013	10.69	220.0	2 446.1	220.0	2 595.8	2 375.8	0.736 6	8.031 1	7.294 5
0.016	55.3	0.001 015	9.431	231.6	2 449.8	231.6	2 600.6	2 369.0	0.772 0	7.984 6	7.212 6
0.018	57.8	0.001 016	8.443	242.0	2 453.0	242.0	2 605.0	2 363.0	0.803 6	7.943 7	7.140 2
0.02	60.1	0.001 017	7.648	251.4	2 456.0	251.4	2 608.9	2 357.5	0.832 0	7.907 2	7.075 2
0.03	69.1	0.001 022	5.228	289.2	2 467.7	289.3	2 624.5	2 335.2	0.944 1	7.767 5	6.823 4
0.04	75.9	0.001 026	3.993	317.6	2 476.3	317.6	2 636.1	2 318.5	1.026 1	7.669 0	6.642 9
0.06	85.9	0.001 033	2.732	359.8	2 489.0	359.9	2 652.9	2 293.0	1.145 4	7.531 1	6.385 7
0.08	93.5	0.001 039	2.087	391.6	2 498.2	391.7	2 665.2	2 273.5	1.233 0	7.433 9	6.200 9
0.1	99.6	0.001 043	1.694	417.4	2 505.6	417.5	2 674.9	2 257.4	1.302 8	7.358 8	6.056 0
0.12	104.8	0.001 047	1.428	439.2	2 511.7	439.4	2 683.1	2 243.7	1.360 9	7.297 7	5.936 8
0.14	109.3	0.001 051	1.237	458.3	2 516.9	458.4	2 690.0	2 231.6	1.411 0	7.246 1	5.835 1

付表 1.1（つづき）

飽和圧力 [MPa] p	飽和温度 [℃] t	比容積 [m³/kg] v'	v''	比内部エネルギー [kJ/kg] u'	u''	比エンタルピー [kJ/kg] h'	h''	$h_{fg}=h''-h'$	比エントロピー [kJ/(kg·K)] s'	s''	$s_{fg}=s''-s'$
0.16	113.3	0.001054	1.091	475.2	2521.4	475.4	2696.0	2220.6	1.4551	7.2014	5.7463
0.18	116.9	0.001058	0.9775	490.5	2525.5	490.7	2701.4	2210.7	1.4945	7.1621	5.6676
0.2	120.2	0.001061	0.8857	504.5	2529.1	504.7	2706.2	2201.5	1.5302	7.1269	5.5967
0.3	133.5	0.001073	0.6058	561.1	2543.2	561.4	2724.9	2163.5	1.6717	6.9916	5.3199
0.4	143.6	0.001084	0.4624	604.2	2553.1	604.7	2738.1	2133.5	1.7765	6.8955	5.1190
0.6	158.8	0.001101	0.3156	669.7	2566.8	670.4	2756.1	2085.7	1.9308	6.7592	4.8284
0.8	170.4	0.001115	0.2403	720.0	2576.0	720.9	2768.3	2047.4	2.0457	6.6616	4.6159
1	179.9	0.001127	0.1944	761.4	2582.7	762.5	2777.1	2014.6	2.1381	6.5850	4.4469
1.2	188.0	0.001139	0.1633	797.0	2587.8	798.3	2783.7	1985.4	2.2159	6.5217	4.3058
1.4	195.0	0.001149	0.1408	828.4	2591.8	830.0	2788.8	1958.8	2.2835	6.4675	4.1840
1.6	201.4	0.001159	0.1237	856.6	2594.8	858.5	2792.8	1934.3	2.3435	6.4199	4.0764
1.8	207.1	0.001168	0.1104	882.4	2597.2	884.5	2795.9	1911.4	2.3975	6.3775	3.9800
2	212.4	0.001177	0.09959	906.1	2599.1	908.5	2798.3	1889.8	2.4468	6.3390	3.8922
3	233.9	0.001217	0.06666	1004.7	2603.2	1008.3	2803.2	1794.9	2.6455	6.1856	3.5401
4	250.4	0.001253	0.04978	1082.5	2601.7	1087.5	2800.8	1713.3	2.7968	6.0696	3.2728
6	275.6	0.001319	0.03245	1206.0	2589.9	1213.9	2784.6	1570.7	3.0278	5.8901	2.8623
8	295.0	0.001385	0.02353	1306.2	2570.5	1317.3	2758.7	1441.4	3.2081	5.7450	2.5369
10	311.0	0.001453	0.01803	1393.5	2545.2	1408.1	2725.5	1317.4	3.3606	5.6160	2.2554
12	324.7	0.001526	0.01426	1473.1	2514.3	1491.5	2685.4	1193.9	3.4967	5.4939	1.9972
14	336.7	0.001610	0.01149	1548.4	2477.1	1571.0	2637.9	1066.9	3.6232	5.3727	1.7495
16	347.4	0.001709	0.009309	1622.3	2431.8	1649.7	2580.8	931.1	3.7457	5.2463	1.5006
18	357.0	0.001840	0.007502	1699.0	2374.8	1732.1	2509.8	777.7	3.8718	5.1061	1.2343
20	365.8	0.002040	0.005865	1786.4	2295.0	1827.2	2412.3	585.1	4.0156	4.9314	0.9158
22.064	373.95	0.003106	0.003106	2015.7	2015.7	2084.3	2084.3	0.0	4.4070	4.4070	0.0

2. 飽和蒸気表（温度基準）

付表 2.1

飽和温度 [℃] t	飽和圧力 [MPa] p	比容積 [m³/kg] v'	v''	比内部エネルギー [kJ/kg] u'	u''	比エンタルピー [kJ/kg] h'	h''	$h_{fg}=h''-h'$	比エントロピー [kJ/(kg·K)] s'	s''	$s_{fg}=s''-s'$
0.01	0.000 611 7	0.001 000	205.99	0.0	2 374.9	0.00	2 500.9	2 500.9	0.000 0	9.155 5	9.155 5
5	0.000 872 6	0.001 000	147.01	21.0	2 381.8	21.02	2 510.1	2 489.1	0.076 3	9.024 8	8.948 5
10	0.001 228	0.001 000	106.30	42.0	2 388.6	42.02	2 519.2	2 477.2	0.151 1	8.899 8	8.748 7
15	0.001 706	0.001 001	77.88	63.0	2 395.5	62.98	2 528.3	2 465.3	0.224 5	8.780 3	8.555 8
20	0.002 339	0.001 002	57.76	83.9	2 402.3	83.91	2 537.4	2 453.5	0.296 5	8.666 0	8.369 5
25	0.003 170	0.001 003	43.34	104.8	2 409.1	104.83	2 546.5	2 441.7	0.367 2	8.556 6	8.189 4
30	0.004 247	0.001 004	32.88	125.7	2 415.9	125.73	2 555.5	2 429.8	0.436 8	8.452 0	8.015 3
35	0.005 629	0.001 006	25.21	146.6	2 422.7	146.63	2 564.5	2 417.9	0.505 1	8.351 7	7.846 6
40	0.007 385	0.001 008	19.52	167.5	2 429.4	167.53	2 573.5	2 406.0	0.572 4	8.255 5	7.683 1
45	0.009 595	0.001 010	15.25	188.4	2 436.1	188.43	2 582.4	2 394.0	0.638 6	8.163 3	7.524 7
50	0.012 35	0.001 012	12.03	209.3	2 442.7	209.34	2 591.3	2 382.0	0.703 8	8.074 8	7.371 0
55	0.015 76	0.001 015	9.564	230.2	2 449.3	230.26	2 600.1	2 369.8	0.768 0	7.989 8	7.221 8
60	0.019 95	0.001 017	7.667	251.2	2 455.9	251.18	2 608.8	2 357.6	0.831 3	7.908 1	7.076 8
65	0.025 04	0.001 020	6.194	272.1	2 462.4	272.12	2 617.5	2 345.4	0.893 7	7.829 6	6.936 0
70	0.031 20	0.001 023	5.040	293.0	2 468.9	293.07	2 626.1	2 333.0	0.955 1	7.754 0	6.798 9
75	0.038 60	0.001 026	4.129	314.0	2 475.2	314.03	2 634.6	2 320.6	1.015 8	7.681 2	6.665 4
80	0.047 41	0.001 029	3.405	335.0	2 481.6	335.01	2 643.0	2 308.0	1.075 6	7.611 1	6.535 5
85	0.057 87	0.001 032	2.826	356.0	2 487.8	356.01	2 651.3	2 295.3	1.134 6	7.543 4	6.408 8
90	0.070 18	0.001 036	2.359	377.0	2 494.0	377.04	2 659.5	2 282.5	1.192 9	7.478 1	6.285 2
95	0.084 61	0.001 040	1.981	398.0	2 500.0	398.09	2 667.6	2 269.5	1.250 4	7.415 1	6.164 7
100	0.101 4	0.001 044	1.672	419.1	2 506.0	419.17	2 675.6	2 256.4	1.307 2	7.354 1	6.046 9
110	0.143 4	0.001 052	1.209	461.3	2 517.7	461.42	2 691.1	2 229.7	1.418 8	7.238 1	5.819 3
120	0.198 7	0.001 060	0.891 2	503.6	2 528.9	503.81	2 705.9	2 202.1	1.527 9	7.129 1	5.601 2
130	0.270 3	0.001 070	0.668 0	546.1	2 539.5	546.38	2 720.1	2 173.7	1.634 6	7.026 4	5.391 8

付表 2.1　(つづき)

飽和温度 [℃] t	飽和圧力 [MPa] p	比容積 [m³/kg]		比内部エネルギー [kJ/kg]		比エンタルピー [kJ/kg]			比エントロピー [kJ/(kg·K)]		
		v'	v''	u'	u''	h'	h''	$h_{fg}=h''-h'$	s'	s''	$s_{fg}=s''-s'$
140	0.361 5	0.001 080	0.508 5	588.8	2 549.6	589.16	2 733.4	2 144.2	1.739 2	6.929 3	5.190 1
150	0.476 2	0.001 091	0.392 5	631.7	2 559.1	632.18	2 745.9	2 113.7	1.841 8	6.837 1	4.995 3
160	0.618 2	0.001 102	0.306 8	674.8	2 567.8	675.47	2 757.4	2 081.9	1.942 6	6.749 1	4.806 5
170	0.792 2	0.001 114	0.242 6	718.2	2 575.7	719.08	2 767.9	2 048.8	2.041 7	6.665 0	4.623 3
180	1.002 8	0.001 127	0.193 8	761.9	2 582.8	763.05	2 777.2	2 014.2	2.139 2	6.584 0	4.444 8
190	1.255 2	0.001 142	0.156 4	806.0	2 589.0	807.43	2 785.3	1 977.9	2.235 5	6.505 9	4.270 4
200	1.554 9	0.001 157	0.127 2	850.5	2 594.2	852.27	2 792.0	1 939.7	2.330 5	6.430 2	4.099 7
210	1.907 7	0.001 173	0.104 3	895.4	2 598.3	897.63	2 797.3	1 899.7	2.424 5	6.356 3	3.931 8
220	2.319 6	0.001 190	0.086 09	940.8	2 601.2	943.58	2 800.9	1 857.3	2.517 7	6.284 0	3.766 3
230	2.797 1	0.001 209	0.071 50	986.8	2 602.9	990.19	2 802.9	1 812.7	2.610 1	6.212 8	3.602 7
240	3.346 9	0.001 230	0.059 71	1 033.4	2 603.1	1 037.60	2 803.0	1 765.4	2.702 0	6.142 3	3.440 3
250	3.976 2	0.001 252	0.050 08	1 080.8	2 601.8	1 085.80	2 800.9	1 715.1	2.793 5	6.072 1	3.278 6
260	4.692 3	0.001 276	0.042 17	1 129.0	2 598.7	1 135.00	2 796.6	1 661.6	2.884 9	6.001 6	3.116 7
270	5.503 0	0.001 303	0.035 62	1 178.1	2 593.7	1 185.30	2 789.7	1 604.4	2.976 5	5.930 4	2.953 9
280	6.416 6	0.001 333	0.030 15	1 228.3	2 586.4	1 236.90	2 779.9	1 543.0	3.068 5	5.857 9	2.789 4
290	7.441 8	0.001 366	0.025 56	1 279.9	2 576.5	1 290.00	2 766.7	1 476.7	3.161 2	5.783 4	2.622 2
300	8.587 9	0.001 404	0.021 66	1 332.9	2 563.6	1 345.00	2 749.6	1 404.6	3.255 2	5.705 9	2.450 7
310	9.865 1	0.001 448	0.018 34	1 387.9	2 547.1	1 402.20	2 727.9	1 325.7	3.351 0	5.624 4	2.273 4
320	11.284	0.001 499	0.015 47	1 445.3	2 526.0	1 462.20	2 700.6	1 238.4	3.449 4	5.537 2	2.087 8
330	12.858	0.001 561	0.012 98	1 505.8	2 499.2	1 525.90	2 666.0	1 140.1	3.551 8	5.442 2	1.890 4
340	14.601	0.001 638	0.010 78	1 570.6	2 464.4	1 594.50	2 621.8	1 027.3	3.660 1	5.335 6	1.675 5
350	16.529	0.001 740	0.008 802	1 642.1	2 418.1	1 670.90	2 563.6	892.7	3.778 4	5.211 0	1.432 6
360	18.666	0.001 895	0.006 949	1 726.3	2 351.8	1 761.70	2 481.5	719.8	3.916 7	5.053 6	1.136 9
370	21.044	0.002 215	0.004 954	1 844.1	2 230.3	1 890.70	2 334.5	443.8	4.111 2	4.801 2	0.690 0
373.95	22.064	0.003 106	0.003 106	2 015.7	2 015.7	2 084.30	2 084.3	0.0	4.407 0	4.407 0	0.0

3. 過 熱 蒸 気 表

付表 3.1

温　度	0.01 MPa 45.8℃				0.05 MPa 81.3℃			
	比容積	比内部エネルギー	比エンタルピー	比エントロピー	比容積	比内部エネルギー	比エンタルピー	比エントロピー
〔℃〕	〔m³/kg〕	〔kJ/kg〕	〔kJ/kg〕	〔kJ/(kg·K)〕	〔m³/kg〕	〔kJ/kg〕	〔kJ/kg〕	〔kJ/(kg·K)〕
飽和状態	14.67	2 437.2	2 583.9	8.149	3.240	2 483.2	2 645.2	7.593
50	14.87	2 443.3	2 592.0	8.174				
100	17.20	2 515.5	2 687.5	8.449	3.419	2 511.5	2 682.4	7.695
150	19.51	2 587.9	2 783.0	8.689	3.890	2 585.7	2 780.2	7.941
200	21.83	2 661.3	2 879.6	8.905	4.356	2 660.0	2 877.8	8.159
250	24.14	2 736.1	2 977.4	9.102	4.821	2 735.1	2 976.1	8.357
300	26.45	2 812.3	3 076.7	9.283	5.284	2 811.6	3 075.8	8.539
350	28.76	2 890.0	3 177.5	9.451	5.747	2 889.4	3 176.8	8.708
400	31.06	2 969.3	3 279.9	9.609	6.209	2 968.9	3 279.3	8.866
450	33.37	3 050.3	3 384.0	9.758	6.672	3 049.9	3 383.5	9.015
500	35.68	3 132.9	3 489.7	9.900	7.134	3 132.6	3 489.3	9.157
600	40.30	3 303.3	3 706.3	10.163	8.058	3 303.1	3 706.0	9.420
700	44.91	3 480.8	3 929.9	10.406	8.981	3 480.6	3 929.7	9.663
800	49.53	3 665.3	4 160.6	10.631	9.905	3 665.2	4 160.4	9.888
900	54.14	3 856.9	4 398.3	10.843	10.828	3 856.8	4 398.2	10.100
1 000	58.76	4 055.2	4 642.8	11.043	11.751	4 055.1	4 642.7	10.300

付表 3.1（つづき）

温　度	0.10 MPa 99.6℃			
	比容積	比内部エネルギー	比エンタルピー	比エントロピー
〔℃〕	〔m³/kg〕	〔kJ/kg〕	〔kJ/kg〕	〔kJ/(kg·K)〕
飽和状態	1.694	2 505.6	2 674.9	7.359
50				
100	1.696	2 506.2	2 675.8	7.361
150	1.937	2 582.9	2 776.6	7.615
200	2.172	2 658.2	2 875.5	7.836
250	2.406	2 733.9	2 974.5	8.035
300	2.639	2 810.6	3 074.5	8.217
350	2.871	2 888.7	3 175.8	8.387
400	3.103	2 968.3	3 278.6	8.545
450	3.334	3 049.4	3 382.8	8.695
500	3.566	3 132.2	3 488.7	8.836
600	4.028	3 302.8	3 705.6	9.100
700	4.490	3 480.4	3 929.4	9.342
800	4.952	3 665.0	4 160.2	9.568
900	5.414	3 856.6	4 398.0	9.780
1 000	5.875	4 055.0	4 642.6	9.980

付表 3.2

温　度	0.20 MPa 120.2℃			
	比容積	比内部エネルギー	比エンタルピー	比エントロピー
〔℃〕	〔m³/kg〕	〔kJ/kg〕	〔kJ/kg〕	〔kJ/(kg·K)〕
飽和状態	0.886	2 529.1	2 706.2	7.127
150	0.960	2 577.1	2 769.1	7.281
200	1.081	2 654.6	2 870.7	7.508
250	1.199	2 731.4	2 971.2	7.710
300	1.316	2 808.8	3 072.1	7.894
350	1.433	2 887.3	3 173.9	8.064
400	1.549	2 967.1	3 277.0	8.224
450	1.666	3 048.5	3 381.6	8.373
500	1.781	3 131.4	3 487.7	8.515
600	2.013	3 302.2	3 704.8	8.779
700	2.244	3 479.9	3 928.8	9.022
800	2.476	3 664.7	4 159.8	9.248
900	2.707	3 856.3	4 397.6	9.460
1 000	2.938	4 054.8	4 642.3	9.660

付表 3.2（つづき）

温　度	0.30 MPa　133.5 ℃				0.40 MPa　143.6 ℃			
	比容積	比内部エネルギー	比エンタルピー	比エントロピー	比容積	比内部エネルギー	比エンタルピー	比エントロピー
〔℃〕	〔m³/kg〕	〔kJ/kg〕	〔kJ/kg〕	〔kJ/(kg·K)〕	〔m³/kg〕	〔kJ/kg〕	〔kJ/kg〕	〔kJ/(kg·K)〕
飽和状態	0.606	2 543.2	2 724.9	6.992	0.462	2 553.1	2 738.1	6.896
150	0.634	2 571.0	2 761.2	7.079	0.471	2 564.4	2 752.8	6.931
200	0.716	2 651.0	2 865.9	7.313	0.534	2 647.2	2 860.9	7.172
250	0.796	2 728.9	2 967.9	7.518	0.595	2 726.4	2 964.5	7.380
300	0.875	2 807.0	3 069.6	7.704	0.655	2 805.1	3 067.1	7.568
350	0.954	2 885.9	3 172.0	7.875	0.714	2 884.4	3 170.0	7.740
400	1.032	2 966.0	3 275.5	8.035	0.773	2 964.9	3 273.9	7.900
450	1.109	3 047.5	3 380.3	8.185	0.831	3 046.6	3 379.0	8.051
500	1.187	3 130.6	3 486.6	8.327	0.889	3 129.8	3 485.5	8.193
600	1.341	3 301.6	3 704.0	8.591	1.006	3 301.0	3 703.2	8.458
700	1.496	3 479.5	3 928.2	8.834	1.122	3 479.0	3 927.6	8.701
800	1.650	3 664.3	4 159.3	9.060	1.237	3 663.9	4 158.8	8.927
900	1.804	3 856.0	4 397.3	9.272	1.353	3 855.7	4 396.9	9.139
1 000	1.958	4 054.5	4 642.0	9.473	1.469	4 054.3	4 641.7	9.340

付表 3.3

温　度	0.50 MPa　151.8 ℃				0.60 MPa　158.8 ℃			
	比容積	比内部エネルギー	比エンタルピー	比エントロピー	比容積	比内部エネルギー	比エンタルピー	比エントロピー
〔℃〕	〔m³/kg〕	〔kJ/kg〕	〔kJ/kg〕	〔kJ/(kg·K)〕	〔m³/kg〕	〔kJ/kg〕	〔kJ/kg〕	〔kJ/(kg·K)〕
飽和状態	0.374 8	2 560.7	2 748.1	6.821	0.315 6	2 566.8	2 756.1	6.759
200	0.425 0	2 643.3	2 855.8	7.061	0.352 1	2 639.3	2 850.6	6.968
250	0.474 4	2 723.8	2 961.0	7.272	0.393 9	2 721.2	2 957.6	7.183
300	0.522 6	2 803.2	3 064.6	7.461	0.434 4	2 801.4	3 062.0	7.374
350	0.570 2	2 883.0	3 168.1	7.635	0.474 3	2 881.6	3 166.1	7.548
400	0.617 3	2 963.7	3 272.3	7.796	0.513 7	2 962.5	3 270.8	7.710
450	0.664 2	3 045.6	3 377.7	7.947	0.553 0	3 044.7	3 376.5	7.861
500	0.710 9	3 129.0	3 484.5	8.089	0.592 0	3 128.2	3 483.4	8.004
600	0.804 1	3 300.4	3 702.5	8.354	0.669 8	3 299.8	3 701.7	8.270
700	0.897 0	3 478.5	3 927.0	8.598	0.747 3	3 478.1	3 926.4	8.513
800	0.989 7	3 663.6	4 158.4	8.824	0.824 6	3 663.2	4 157.9	8.740
900	1.082 3	3 855.4	4 396.6	9.036	0.901 8	3 855.1	4 396.2	8.952
1 000	1.174 8	4 054.0	4 641.4	9.236	0.978 9	4 053.7	4 641.1	9.152

付表 3.3（つづき 1）

温　度	0.80 MPa　170.4 ℃				1.00 Mpa　179.9 ℃			
	比容積	比内部エネルギー	比エンタルピー	比エントロピー	比容積	比内部エネルギー	比エンタルピー	比エントロピー
〔℃〕	〔m³/kg〕	〔kJ/kg〕	〔kJ/kg〕	〔kJ/(kg·K)〕	〔m³/kg〕	〔kJ/kg〕	〔kJ/kg〕	〔kJ/(kg·K)〕
飽和状態	0.240 3	2 576.0	2 768.3	6.662	0.194 4	2 582.7	2 777.1	6.585
200	0.260 9	2 631.0	2 839.7	6.818	0.206 0	2 622.2	2 828.3	6.696
250	0.293 2	2 715.9	2 950.4	7.040	0.232 8	2 710.4	2 943.1	6.927
300	0.324 2	2 797.5	3 056.9	7.235	0.258 0	2 793.6	3 051.6	7.125
350	0.354 4	2 878.6	3 162.2	7.411	0.282 5	2 875.7	3 158.2	7.303
400	0.384 3	2 960.2	3 267.6	7.573	0.306 6	2 957.9	3 264.5	7.467
450	0.413 9	3 042.8	3 373.9	7.726	0.330 5	3 040.9	3 371.3	7.620
500	0.443 3	3 126.6	3 481.3	7.869	0.354 1	3 125.0	3 479.1	7.764
600	0.501 9	3 298.7	3 700.1	8.135	0.401 1	3 297.5	3 698.6	8.031
700	0.560 1	3 477.2	3 925.3	8.379	0.447 8	3 476.2	3 924.1	8.276
800	0.618 2	3 662.4	4 157.0	8.606	0.494 4	3 661.7	4 156.1	8.502
900	0.676 2	3 854.5	4 395.5	8.819	0.540 8	3 853.9	4 394.8	8.715
1 000	0.734 1	4 053.2	4 640.5	9.019	0.587 2	4 052.7	4 639.9	8.916

付表 3.3（つづき 2）

温　度	1.20 Mpa　188.0 ℃				1.40 Mpa　195.0 ℃			
	比容積	比内部エネルギー	比エンタルピー	比エントロピー	比容積	比内部エネルギー	比エンタルピー	比エントロピー
〔℃〕	〔m³/kg〕	〔kJ/kg〕	〔kJ/kg〕	〔kJ/(kg·K)〕	〔m³/kg〕	〔kJ/kg〕	〔kJ/kg〕	〔kJ/(kg·K)〕
飽和状態	0.163 3	2 587.8	2 783.7	6.522	0.140 8	2 591.8	2 788.8	6.468
200	0.169 3	2 612.9	2 816.1	6.591	0.143 0	2 602.7	2 803.0	6.498
250	0.192 4	2 704.7	2 935.6	6.831	0.163 6	2 698.9	2 927.9	6.749
300	0.213 9	2 789.7	3 046.3	7.034	0.182 3	2 785.7	3 040.9	6.955
350	0.234 6	2 872.7	3 154.2	7.214	0.200 3	2 869.7	3 150.1	7.138
400	0.254 8	2 955.5	3 261.3	7.379	0.217 8	2 953.1	3 258.1	7.305
450	0.274 8	3 038.9	3 368.7	7.533	0.235 1	3 037.0	3 366.1	7.459
500	0.294 6	3 123.4	3 476.9	7.678	0.252 2	3 121.8	3 474.8	7.605
600	0.333 9	3 296.3	3 697.0	7.946	0.286 0	3 295.1	3 695.4	7.873
700	0.373 0	3 475.3	3 922.9	8.190	0.319 5	3 474.4	3 921.7	8.118
800	0.411 8	3 661.0	4 155.2	8.418	0.352 9	3 660.2	4 154.3	8.346
900	0.450 6	3 853.3	4 394.0	8.630	0.386 1	3 852.7	4 393.3	8.559
1 000	0.489 3	4 052.2	4 639.4	8.831	0.419 3	4 051.7	4 638.8	8.759

付表 3.4

温　度	1.60 MPa　201.4 ℃				1.80 MPa　207.1 ℃			
	比容積	比内部エ ネルギー	比エンタ ルピー	比エント ロピー	比容積	比内部エ ネルギー	比エンタ ルピー	比エント ロピー
〔℃〕	〔m³/kg〕	〔kJ/kg〕	〔kJ/kg〕	〔kJ/(kg·K)〕	〔m³/kg〕	〔kJ/kg〕	〔kJ/kg〕	〔kJ/(kg·K)〕
飽和状態	0.123 7	2 594.8	2 792.8	6.420	0.110 4	2 597.2	2 795.9	6.378
225	0.132 9	2 645.1	2 857.8	6.554	0.116 8	2 637.0	2 847.2	6.482
250	0.141 9	2 692.9	2 919.9	6.675	0.125 0	2 686.7	2 911.7	6.609
300	0.158 7	2 781.6	3 035.4	6.886	0.140 3	2 777.4	3 029.9	6.825
350	0.174 6	2 866.6	3 146.0	7.071	0.154 6	2 863.6	3 141.8	7.012
400	0.190 1	2 950.7	3 254.9	7.239	0.168 5	2 948.3	3 251.6	7.181
450	0.205 3	3 035.0	3 363.5	7.395	0.182 1	3 033.1	3 360.9	7.338
500	0.220 3	3 120.1	3 472.6	7.541	0.195 5	3 118.5	3 470.4	7.485
600	0.250 0	3 293.9	3 693.9	7.810	0.222 0	3 292.7	3 692.3	7.754
700	0.279 4	3 473.5	3 920.5	8.056	0.248 2	3 472.6	3 919.4	8.000
800	0.308 7	3 659.5	4 153.3	8.283	0.274 3	3 658.8	4 152.4	8.228
900	0.337 8	3 852.1	4 392.6	8.497	0.300 2	3 851.5	4 391.9	8.442
1 000	0.366 9	4 051.2	4 638.2	8.697	0.326 1	4 050.7	4 637.6	8.643

付表 3.4（つづき）

温　度	2.00 MPa　212.4 ℃			
	比容積	比内部エ ネルギー	比エンタ ルピー	比エント ロピー
〔℃〕	〔m³/kg〕	〔kJ/kg〕	〔kJ/kg〕	〔kJ/(kg·K)〕
飽和状態	0.099 6	2 599.1	2 798.3	6.339
225	0.103 8	2 628.5	2 836.1	6.416
250	0.111 5	2 680.2	2 903.2	6.548
300	0.125 5	2 773.2	3 024.2	6.768
350	0.138 6	2 860.5	3 137.7	6.958
400	0.151 2	2 945.9	3 248.3	7.129
450	0.163 5	3 031.1	3 358.2	7.287
500	0.175 7	3 116.9	3 468.2	7.434
600	0.199 6	3 291.5	3 690.7	7.704
700	0.223 3	3 471.6	3 918.2	7.951
800	0.246 7	3 658.0	4 151.5	8.179
900	0.270 1	3 850.9	4 391.1	8.393
1 000	0.293 4	4 050.2	4 637.0	8.594

付表 3.5

温　度	2.50 MPa　224.0 ℃			
	比容積	比内部エ ネルギー	比エンタ ルピー	比エント ロピー
〔℃〕	〔m³/kg〕	〔kJ/kg〕	〔kJ/kg〕	〔kJ/(kg·K)〕
飽和状態	0.079 9	2 602.1	2 801.9	6.256
250	0.087 1	2 663.3	2 880.9	6.411
300	0.098 9	2 762.2	3 009.6	6.646
350	0.109 8	2 852.5	3 127.0	6.842
400	0.120 1	2 939.8	3 240.1	7.017
450	0.130 2	3 026.2	3 351.6	7.177
500	0.140 0	3 112.8	3 462.7	7.325
600	0.159 3	3 288.5	3 686.8	7.598
700	0.178 4	3 469.3	3 915.2	7.846
800	0.197 2	3 656.2	4 149.2	8.074
900	0.216 0	3 849.4	4 389.3	8.288
1 000	0.234 7	4 048.9	4 635.6	8.490

付表 3.5 （つづき）

温　度	3.00 Mpa　233.9 ℃				3.50 Mpa　242.6 ℃			
	比容積	比内部エネルギー	比エンタルピー	比エントロピー	比容積	比内部エネルギー	比エンタルピー	比エントロピー
〔℃〕	〔m³/kg〕	〔kJ/kg〕	〔kJ/kg〕	〔kJ/(kg·K)〕	〔m³/kg〕	〔kJ/kg〕	〔kJ/kg〕	〔kJ/(kg·K)〕
飽和状態	0.066 7	2 603.2	2 803.2	6.186	0.057 1	2 602.9	2 802.6	6.124
250	0.070 6	2 644.7	2 856.5	6.289	0.058 8	2 624.0	2 829.7	6.176
300	0.081 2	2 750.8	2 994.3	6.541	0.068 5	2 738.8	2 978.4	6.448
350	0.090 6	2 844.4	3 116.1	6.745	0.076 8	2 836.0	3 104.8	6.660
400	0.099 4	2 933.5	3 231.7	6.923	0.084 6	2 927.2	3 223.2	6.843
450	0.107 9	3 021.2	3 344.8	7.086	0.092 0	3 016.1	3 338.0	7.007
500	0.116 2	3 108.6	3 457.2	7.236	0.099 2	3 104.5	3 451.6	7.159
600	0.132 5	3 285.5	3 682.8	7.510	0.113 3	3 282.5	3 678.9	7.436
700	0.148 4	3 467.0	3 912.2	7.759	0.127 0	3 464.7	3 909.3	7.685
800	0.164 2	3 654.3	4 146.9	7.989	0.140 6	3 652.5	4 144.6	7.916
900	0.179 9	3 847.9	4 387.5	8.203	0.154 1	3 846.4	4 385.7	8.130
1 000	0.195 5	4 047.7	4 634.1	8.405	0.167 5	4 046.4	4 632.7	8.332

付表 3.6

温　度	4.00 MPa　250.4 ℃				4.50 MPa　257.4 ℃			
	比容積	比内部エネルギー	比エンタルピー	比エントロピー	比容積	比内部エネルギー	比エンタルピー	比エントロピー
〔℃〕	〔m³/kg〕	〔kJ/kg〕	〔kJ/kg〕	〔kJ/(kg·K)〕	〔m³/kg〕	〔kJ/kg〕	〔kJ/kg〕	〔kJ/(kg·K)〕
飽和状態	0.049 8	2 601.7	2 800.8	6.070	0.044 1	2 599.7	2 797.9	6.020
275	0.054 6	2 668.9	2 887.3	6.231	0.047 3	2 651.3	2 864.3	6.143
300	0.058 9	2 726.2	2 961.7	6.364	0.051 4	2 713.0	2 944.2	6.285
350	0.066 5	2 827.4	3 093.3	6.584	0.058 4	2 818.6	3 081.5	6.515
400	0.073 4	2 920.7	3 214.5	6.771	0.064 8	2 914.2	3 205.6	6.707
450	0.080 0	3 011.0	3 331.2	6.939	0.070 8	3 005.8	3 324.2	6.877
500	0.086 4	3 100.3	3 446.0	7.092	0.076 5	3 096.0	3 440.4	7.032
600	0.098 9	3 279.4	3 674.9	7.371	0.087 7	3 276.4	3 670.9	7.313
700	0.111 0	3 462.4	3 906.3	7.621	0.098 5	3 460.0	3 903.3	7.565
800	0.122 9	3 650.6	4 142.3	7.852	0.109 2	3 648.8	4 140.0	7.796
900	0.134 8	3 844.8	4 383.9	8.067	0.119 7	3 843.3	4 382.1	8.012
1 000	0.146 5	4 045.1	4 631.2	8.270	0.130 2	4 043.9	4 629.8	8.214

付表 3.6（つづき）

温　度	比容積	比内部エネルギー	比エンタルピー	比エントロピー
		5.00 MPa	263.9 ℃	
〔℃〕	〔m³/kg〕	〔kJ/kg〕	〔kJ/kg〕	〔kJ/(kg·K)〕
飽和状態	0.039 4	2 597.0	2 794.2	5.974
275	0.041 4	2 632.3	2 839.5	6.057
300	0.045 3	2 699.0	2 925.7	6.211
350	0.052 0	2 809.5	3 069.3	6.452
400	0.057 8	2 907.5	3 196.7	6.648
450	0.063 3	3 000.6	3 317.2	6.821
500	0.068 6	3 091.7	3 434.7	6.978
600	0.078 7	3 273.3	3 666.8	7.261
700	0.088 5	3 457.7	3 900.3	7.514
800	0.098 2	3 646.9	4 137.7	7.746
900	0.107 7	3 841.8	4 380.2	7.962
1 000	0.117 2	4 042.6	4 628.3	8.165

付表 3.7

温　度	比容積	比内部エネルギー	比エンタルピー	比エントロピー
		6.00 Mpa	275.6 ℃	
〔℃〕	〔m³/kg〕	〔kJ/kg〕	〔kJ/kg〕	〔kJ/(kg·K)〕
飽和状態	0.032 4	2 589.9	2 784.6	5.890
300	0.036 2	2 668.4	2 885.5	6.070
350	0.042 3	2 790.4	3 043.9	6.336
400	0.047 4	2 893.7	3 178.2	6.543
450	0.052 2	2 989.9	3 302.9	6.722
500	0.056 7	3 083.1	3 423.1	6.883
600	0.065 3	3 267.2	3 658.7	7.169
700	0.073 5	3 453.0	3 894.3	7.425
800	0.081 6	3 643.2	4 133.1	7.658
900	0.089 6	3 838.8	4 376.6	7.875
1 000	0.097 6	4 040.1	4 625.4	8.079

付表 3.7（つづき）

温　度	比容積	比内部エネルギー	比エンタルピー	比エントロピー	比容積	比内部エネルギー	比エンタルピー	比エントロピー
		7.00 Mpa	285.8 ℃			8.00 Mpa	295.0 ℃	
〔℃〕	〔m³/kg〕	〔kJ/kg〕	〔kJ/kg〕	〔kJ/(kg·K)〕	〔m³/kg〕	〔kJ/kg〕	〔kJ/kg〕	〔kJ/(kg·K)〕
飽和状態	0.027 4	2 581.0	2 772.6	5.815	0.023 5	2 570.5	2 758.7	5.745
300	0.029 5	2 633.5	2 839.9	5.934	0.024 3	2 592.3	2 786.5	5.794
350	0.035 3	2 770.1	3 016.9	6.230	0.030 0	2 748.3	2 988.1	6.132
400	0.040 0	2 879.5	3 159.2	6.450	0.034 3	2 864.6	3 139.4	6.366
450	0.044 2	2 979.0	3 288.3	6.635	0.038 2	2 967.8	3 273.3	6.558
500	0.048 2	3 074.3	3 411.4	6.800	0.041 8	3 065.4	3 399.5	6.727
600	0.055 7	3 260.9	3 650.6	7.091	0.048 5	3 254.7	3 642.4	7.022
700	0.062 9	3 448.3	3 888.2	7.349	0.054 8	3 443.6	3 882.2	7.282
800	0.069 9	3 639.5	4 128.4	7.584	0.061 0	3 635.7	4 123.8	7.518
900	0.076 8	3 835.7	4 373.0	7.801	0.067 1	3 832.6	4 369.3	7.737
1 000	0.083 6	4 037.5	4 622.5	8.006	0.073 1	4 035.0	4 619.6	7.942

付表 3.8

温　度	9.00 MPa　303.3 ℃				10.00 MPa　311.0 ℃			
	比容積	比内部エネルギー	比エンタルピー	比エントロピー	比容積	比内部エネルギー	比エンタルピー	比エントロピー
〔℃〕	〔m³/kg〕	〔kJ/kg〕	〔kJ/kg〕	〔kJ/(kg·K)〕	〔m³/kg〕	〔kJ/kg〕	〔kJ/kg〕	〔kJ/(kg·K)〕
飽和状態	0.020 49	2 558.5	2 742.9	5.679	0.018 03	2 545.2	2 725.5	5.616
350	0.025 82	2 724.9	2 957.3	6.038	0.022 44	2 699.6	2 924.0	5.946
400	0.029 96	2 849.2	3 118.8	6.288	0.026 44	2 833.1	3 097.4	6.214
450	0.033 52	2 956.3	3 258.0	6.487	0.029 78	2 944.5	3 242.3	6.422
500	0.036 79	3 056.3	3 387.4	6.660	0.032 81	3 047.0	3 375.1	6.600
600	0.042 86	3 248.4	3 634.1	6.961	0.038 38	3 242.0	3 625.8	6.905
700	0.048 59	3 438.8	3 876.1	7.223	0.043 60	3 434.0	3 870.0	7.169
800	0.054 13	3 632.0	4 119.1	7.461	0.048 63	3 628.2	4 114.5	7.409
900	0.059 56	3 829.6	4 365.7	7.680	0.053 55	3 826.5	4 362.0	7.629
1 000	0.064 92	4 032.4	4 616.7	7.886	0.058 39	4 029.9	4 613.8	7.835

付表 3.8（つづき）

温　度	12.50 MPa　327.8 ℃			
	比容積	比内部エネルギー	比エンタルピー	比エントロピー
〔℃〕	〔m³/kg〕	〔kJ/kg〕	〔kJ/kg〕	〔kJ/(kg·K)〕
飽和状態	0.013 50	2 505.6	2 674.3	5.464
350	0.016 14	2 624.8	2 826.6	5.713
400	0.020 03	2 789.6	3 040.0	6.043
450	0.023 02	2 913.7	3 201.4	6.275
500	0.025 63	3 023.2	3 343.6	6.465
600	0.030 31	3 225.8	3 604.6	6.783
700	0.034 61	3 422.0	3 854.6	7.054
800	0.038 72	3 618.7	4 102.8	7.297
900	0.042 72	3 818.9	4 352.9	7.519
1 000	0.046 64	4 023.5	4 606.5	7.727

付表 3.9

温度	15.00 MPa　342.2 ℃			
	比容積	比内部エネルギー	比エンタルピー	比エントロピー
〔℃〕	〔m³/kg〕	〔kJ/kg〕	〔kJ/kg〕	〔kJ/(kg·K)〕
飽和状態	0.010 34	2 455.6	2 610.7	5.311
375	0.013 90	2 650.4	2 858.9	5.705
400	0.015 67	2 740.6	2 975.7	5.882
450	0.018 48	2 880.7	3 157.9	6.143
500	0.020 83	2 998.4	3 310.8	6.348
600	0.024 92	3 209.3	3 583.1	6.680
700	0.028 62	3 409.8	3 839.1	6.957
800	0.032 12	3 609.2	4 091.1	7.204
900	0.035 50	3 811.2	4 343.7	7.429
1 000	0.038 81	4 017.1	4 599.2	7.638

付表 3.9 （つづき）

温　度	17.50 MPa　354.7℃				20.00 MPa　365.8℃			
	比容積	比内部エネルギー	比エンタルピー	比エントロピー	比容積	比内部エネルギー	比エンタルピー	比エントロピー
〔℃〕	〔m³/kg〕	〔kJ/kg〕	〔kJ/kg〕	〔kJ/(kg·K)〕	〔m³/kg〕	〔kJ/kg〕	〔kJ/kg〕	〔kJ/(kg·K)〕
飽和状態	0.007 93	2 390.5	2 529.3	5.143	0.005 87	2 295.0	2 412.3	4.931
375	0.010 56	2 567.5	2 752.3	5.494	0.007 68	2 449.1	2 602.6	5.228
400	0.012 46	2 684.3	2 902.4	5.721	0.009 95	2 617.9	2 816.9	5.553
450	0.015 20	2 845.4	3 111.4	6.021	0.012 72	2 807.2	3 061.7	5.904
500	0.017 39	2 972.4	3 276.7	6.242	0.014 79	2 945.3	3 241.2	6.145
600	0.021 07	3 192.5	3 561.3	6.589	0.018 19	3 175.3	3 539.0	6.508
700	0.024 34	3 397.5	3 823.5	6.873	0.021 13	3 385.1	3 807.8	6.799
800	0.027 41	3 599.7	4 079.3	7.124	0.023 87	3 590.1	4 067.5	7.053
900	0.030 35	3 803.4	4 334.5	7.351	0.026 48	3 795.7	4 325.4	7.283
1 000	0.033 22	4 010.7	4 592.0	7.562	0.029 02	4 004.3	4 584.7	7.495

付表 3.10

温　度	25.00 MPa				30.00 MPa			
	比容積	比内部エネルギー	比エンタルピー	比エントロピー	比容積	比内部エネルギー	比エンタルピー	比エントロピー
〔℃〕	〔m³/kg〕	〔kJ/kg〕	〔kJ/kg〕	〔kJ/(kg·K)〕	〔m³/kg〕	〔kJ/kg〕	〔kJ/kg〕	〔kJ/(kg·K)〕
375	0.001 98	1 799.9	1 849.4	4.034	0.001 79	1 738.1	1 791.8	3.931
400	0.006 00	2 428.5	2 578.6	5.140	0.002 80	2 068.9	2 152.8	4.476
450	0.009 18	2 721.2	2 950.6	5.676	0.006 74	2 618.9	2 821.0	5.442
500	0.011 14	2 887.3	3 165.9	5.964	0.008 69	2 824.0	3 084.7	5.796
600	0.014 14	3 140.0	3 493.5	6.364	0.011 45	3 103.4	3 446.7	6.237
700	0.016 64	3 359.9	3 776.0	6.670	0.013 65	3 334.3	3 743.9	6.560
800	0.018 92	3 570.7	4 043.8	6.932	0.015 63	3 551.2	4 020.0	6.830
900	0.021 08	3 780.2	4 307.1	7.167	0.017 47	3 764.6	4 288.8	7.070
1 000	0.023 15	3 991.5	4 570.2	7.382	0.019 24	3 978.6	4 555.8	7.288

付表 3.10 （つづき）

温　度	40.00 MPa			
	比容積	比内部エネルギー	比エンタルピー	比エントロピー
〔℃〕	〔m³/kg〕	〔kJ/kg〕	〔kJ/kg〕	〔kJ/(kg·K)〕
375	0.001 64	1 677.0	1 742.6	3.829
400	0.001 91	1 854.9	1 931.4	4.115
450	0.003 69	2 364.2	2 511.8	4.945
500	0.005 62	2 681.6	2 906.5	5.474
600	0.008 09	3 026.8	3 350.4	6.017
700	0.009 93	3 282.0	3 679.1	6.374
800	0.011 52	3 511.8	3 972.6	6.661
900	0.012 98	3 733.3	4 252.5	6.911
1 000	0.014 36	3 952.9	4 527.3	7.136

4. 圧　縮　水

付表4.1

温度	5 MPa				10 MPa				15 MPa			
	密度	比内部エネルギー	比エンタルピー	比エントロピー	密度	比内部エネルギー	比エンタルピー	比エントロピー	密度	比内部エネルギー	比エンタルピー	比エントロピー
[℃]	[kg/m³]	[kJ/kg]	[kJ/kg]	[kJ/(kg·K)]	[kg/m³]	[kJ/kg]	[kJ/kg]	[kJ/(kg·K)]	[kg/m³]	[kJ/kg]	[kJ/kg]	[kJ/(kg·K)]
20	1 000.4	83.609	88.607	0.295 43	1 002.7	83.308	93.281	0.294 35	1 004.9	83.007	97.934	0.293 23
40	994.36	166.92	171.95	0.570 46	996.52	166.33	176.36	0.568 51	998.65	165.75	180.77	0.566 56
60	985.33	250.29	255.36	0.828 65	987.48	249.42	259.55	0.826 02	989.6	248.58	263.74	0.823 4
80	973.97	333.82	338.95	1.072 3	976.17	332.69	342.94	1.069 1	978.35	331.59	346.92	1.065 9
100	960.63	417.64	422.85	1.303 4	962.93	416.23	426.62	1.299 6	965.2	414.85	430.39	1.295 8
120	945.49	501.9	507.19	1.523 6	947.94	500.18	510.73	1.519 1	950.35	498.49	514.28	1.514 8
140	928.63	586.79	592.18	1.734 4	931.28	584.71	595.45	1.729 3	933.87	582.69	598.75	1.724 3
160	910.05	672.55	678.04	1.937 4	912.95	670.06	681.01	1.931 5	915.79	667.63	684.01	1.925 9
180	889.65	759.46	765.08	2.133 8	892.88	756.48	767.68	2.127 1	896.04	753.58	770.32	2.120 6
200	867.26	847.91	853.68	2.325 1	870.94	844.31	855.8	2.317 4	874.5	840.84	857.99	2.31
220	842.58	938.39	944.32	2.512 7	846.84	934	945.81	2.503 7	850.95	929.8	947.43	2.495 1
240	815.1	1 031.6	1 037.7	2.698 3	820.18	1 026.1	1 038.3	2.687 6	825.03	1 021	1 039.2	2.677 4
260	784.03	1 128.5	1 134.9	2.884 1	790.3	1 121.6	1 134.3	2.871	796.2	1 115.1	1 134	2.858 6

付表 4.2

温度 [℃]	20 MPa 密度 [kg/m³]	比内部エネルギー [kJ/kg]	比エンタルピー [kJ/kg]	比エントロピー [kJ/(kg·K)]	25 MPa 密度 [kg/m³]	比内部エネルギー [kJ/kg]	比エンタルピー [kJ/kg]	比エントロピー [kJ/(kg·K)]	30 MPa 密度 [kg/m³]	比内部エネルギー [kJ/kg]	比エンタルピー [kJ/kg]	比エントロピー [kJ/(kg·K)]
20	1 007.1	82.708	102.57	0.292 07	1 009.3	82.409	107.18	0.290 89	1 011.5	82.112	111.77	0.289 68
40	1 000.8	165.17	185.16	0.564 61	1 002.9	164.61	189.53	0.562 65	1 004.9	164.05	193.9	0.560 69
60	991.71	247.75	267.92	0.820 8	993.79	246.94	272.09	0.818 21	995.84	246.14	276.26	0.815 64
80	980.49	330.5	350.9	1.062 7	982.61	329.44	354.88	1.059 5	984.71	328.4	358.86	1.056 4
100	967.44	413.5	434.17	1.292	969.65	412.17	437.95	1.288 3	971.82	410.87	441.74	1.284 7
120	952.72	496.85	517.84	1.510 5	955.05	495.24	521.41	1.506 2	957.35	493.66	525	1.502
140	936.42	580.71	602.07	1.719 4	938.93	578.78	605.41	1.714 6	941.39	576.89	608.76	1.709 8
160	918.57	665.27	687.05	1.920 3	921.3	662.98	690.11	1.914 8	923.97	660.74	693.21	1.909 4
180	899.12	750.77	773.02	2.114 3	902.13	748.05	775.76	2.108 1	905.07	745.4	778.54	2.102
200	877.97	837.49	860.27	2.302 7	881.33	834.24	862.61	2.295 6	884.62	831.1	865.02	2.288 8
220	854.91	925.77	949.16	2.486 7	858.75	921.88	951	2.478 6	862.46	918.14	952.93	2.470 7
240	829.67	1 016.1	1 040.2	2.667 6	834.12	1 011.4	1 041.3	2.658 2	838.4	1 006.9	1 042.7	2.649 1
260	801.78	1 109	1 134	2.846 9	807.06	1 103.2	1 134.2	2.835 7	812.1	1 097.8	1 134.7	2.825
280	770.52	1 205.5	1 231.5	3.026 5	777.01	1 198.3	1 230.5	3.012 9	783.1	1 191.5	1 229.8	3.000 1
300	734.71	1 307.1	1 334.4	3.209 1	743.02	1 297.6	1 331.3	3.191 9	750.66	1 288.9	1 328.9	3.176
320	692.06	1 416.6	1 445.5	3.399 6	703.49	1 403.4	1 438.9	3.376 4	713.58	1 391.6	1 433.7	3.355 7
340	637.23	1 540.2	1 571.6	3.608 6	655.13	1 519.4	1 557.5	3.573 1	669.7	1 502.3	1 547.1	3.543 8
360	548.01	1 703.6	1 740.1	3.878 7	589.31	1 656.2	1 698.6	3.799 3	614.39	1 626.7	1 675.6	3.749 8

引用・参考文献

1) 芝 亀吉：熱力学，岩波全書，岩波書店（1950）
2) 久保亮五 編：大学演習 熱学・統計力学，裳華房（1961）
3) 谷下市松：工業 基礎熱力学，裳華房（1961）
4) 森 康夫，一色尚次，河田治男：熱力学概論，養賢堂（1968）
5) M. W. Zemansky and H. C. Van Ness 著，秋山 守 訳：基礎熱力学，コロナ社（1970）
6) 斉藤 武，大竹一友，三田地紘史：工業熱力学通論，第2版，日刊工業新聞社（1983）
7) 日本機械学会 編：熱力学，JSME テキストシリーズ（2002）
8) 日本機械学会 編：演習 熱力学，JSME テキストシリーズ（2012）
9) F. Reif 著，久保亮五 監訳：統計物理（上）（下），バークレー物理学コース5，丸善（1970）
10) E. Mach 著，高田誠二 訳：熱学の諸原理，物理科学の古典4，東海大学出版会（1978）
11) 佐野正利，杉山 均，永橋優純：基礎から学ぶ 工業熱力学，コロナ社（2011）
12) 清水 明：熱力学の基礎，東京大学出版会（2007）

演習問題解答

1章

〔**1.1**〕 大気圧 995 hPa = 0.099 5 MPa，ゲージ圧 0.2 MPa

よって絶対圧は 0.099 5 + 0.2 = 0.299 5 MPa

〔**1.2**〕 水 1 m の水圧は密度 × 高さ × 重力加速度より

$\qquad$ 998.2 × 1 × 9.8 = 9 782 Pa。標準大気圧は $0.101\ 3 \times 10^6$ Pa

よって $0.101\ 3 \times 10^6 / 9\ 782 = 10.36$ m

〔**1.3**〕 混合後の温度と t℃とすると

$\qquad$ $0.5 \times 1 \times t + 0.2 \times 0.11 \times t = 0.5 \times 1 \times 20 + 0.2 \times 0.11 \times 500$

$\qquad$ $t = (0.5 \times 1 \times 20 + 0.2 \times 0.11 \times 500) / (0.5 \times 1 + 0.2 \times 0.11) = 40.2$ ℃

〔**1.4**〕 0.1 kg の水の体積は $0.1 / 958 = 0.000\ 103\ 4$ m^3

0.1 kg の水蒸気の体積は $0.1 / 0.578 = 0.173\ 0$ m^3

体積の増加は $0.173\ 0 - 0.000\ 103\ 4 = 0.172\ 9$ m^3

〔**1.5**〕 標準大気圧は $0.101\ 3 \times 10^6$ Pa。外部に対してなした仕事は圧力 × 体積の増加であるので

$\qquad$ $0.101\ 3 \times 10^6 \times 0.172\ 9 = 0.017\ 51 \times 10^6$ N·m = 17.51 kJ

〔**1.6**〕 $F = (9/5)t + 32$，$F = t$ として，$t = 9/5t + 32$　$t = -40$ ℃

〔**1.7**〕 10 m/s の水のもつ運動エネルギーは $(1/2) \times 1 \times 10^2 = 50$ J

1 kg の水が 80 m 落下することにされる仕事は $1 \times 80 \times 9.8 = 78.4$ J。

これが運動エネルギーに加わるので，運動エネルギーは $50 + 78.4 = 128.4$ J。

水の速度は $(1/2) \times 1 \times v^2 = 128.4$ から $v = 16.0$ m/s

2章

〔**2.1**〕 窒素 20 kg は $20\ 000 / 28 = 714.3$ mol，水素 10 kg は

$10\ 000 / 2 = 5\ 000$ mol，合計 5 714.3 mol，状態方程式より

$\qquad$ $p \times 10 = 5\ 714.3 \times 8.314 \times (273 + 20)$

$\qquad$ $p = 5\ 714.3 \times 8.314 \times (273 + 20) / 10 = 1\ 392$ kPa

窒素の分圧　$p_{N_2} = 1\ 392 \times 714.3 / 5\ 714.3 = 174$ kPa

水素の分圧　$p_{H_2} = 1\ 392 \times 5\ 000 / 5\ 714.3 = 1\ 218$ kPa

〔**2.2**〕 0.1 m^3 の容器の空気のモル数 n_1 は

$\qquad$ $0.8 \times 10^6 \times 0.1 = n_1 \times 8.314 \times (273 + 50)$

より $n_1 = 29.8$ モル，質量 0.858 kg

$0.05\,\mathrm{m}^3$ の容器の空気のモル数 n_2 は

$$0.4\times10^6\times0.05 = n_2\times8.314\times(273+100)$$

より $n_2 = 6.45$ モル，質量 $0.186\,\mathrm{kg}$

混合後の温度は

$$(0.858\times50 + 0.186\times100)/(0.858+0.186) = 58.9\,\mathrm{℃}$$

圧力は

$$p\times0.15 = 36.3\times8.314\times(273+33.9)$$

より $p = 0.673\,\mathrm{MPa}$

〔**2.3**〕 気球の体積 $V_B = \pi D^3/6 = 3.14\times10^3/6 = 523\,\mathrm{m}^3$

標準大気圧の空気 1 モルの空気の質量は $0.028\,8\,\mathrm{kg}$

20 ℃の体積 $0.101\,3\times10^6\times V_{20} = 8.314\times293$ 　　$V_{20} = 0.024\,\mathrm{m}^3$

　　　密度 $\rho_{20} = 0.028\,8/0.024 = 1.2\,\mathrm{kg/m}^3$

100 ℃の体積 $0.101\,3\times10^6\times V_{100} = 8.314\times373$ 　　$V_{100} = 0.031\,\mathrm{m}^3$

　　　　密度 $\rho_{100} = 0.028\,8/0.031 = 0.93\,\mathrm{kg/m}^3$

浮力は $(\rho_{20}-\rho_{100})gV = 0.27\times9.8\times523 = 1\,384\,\mathrm{N} = 141\,\mathrm{kgf}$

141 kg のものを持ち上げることができる。

〔**2.4**〕 ボイルの法則により $V_2 = V_1(p_1/p_2)$

$$V_2 = 0.1\times(20/0.101\,3) = 19.7\,\mathrm{m}^3$$

〔**2.5**〕 シャルルの法則により $V_2 = V_1(T_2/T_1)$

$$V_2 = 5\times(573/300) = 9.55\,\mathrm{m}^3$$

〔**2.6**〕 ビルの容積 $V = 200\times50 = 10\,000\,\mathrm{m}^3$

モル数 n： 　$0.101\,3\times10^6\times10\,000 = n\times8.314\times293$ 　　$n = 0.416\times10^6$ モル

空気 1 モルは $0.028\,8\,\mathrm{kg}$，空気の質量は

$$0.416\times10^6\times0.028\,8 = 11\,981\,\mathrm{kg}$$

〔**2.7**〕 0.5 kg の窒素ガスのモル数は $500/28 = 17.9$ モル

状態方程式より $1\times10^6\times0.05 = 17.9\times8.314\times T$ 　　$T = 336\,\mathrm{K}\,(63\,℃)$

▌ 3 章

〔**3.1**〕 外部にする仕事は $0.2\times10^6\times0.1 = 20\,\mathrm{kJ}$。外部から吸収する熱量 30 kJ。内部エネルギーの増加量は $30-20 = 10\,\mathrm{kJ}$。

〔**3.2**〕 外部からされる仕事 $55\times10^3\,\mathrm{N\cdot m} = 55\,\mathrm{kJ}$。外部に放出する熱量 80 kJ。内部エネルギーの変化量 $55-80 = -25\,\mathrm{kJ}$。25 kJ 減少。

〔**3.3**〕 効率が 30 %であるので毎秒吸収する熱量は $50/0.3 = 16.667\,\mathrm{kJ}$。

1 時間では $166.667\times3\,600 = 600\,000\,\mathrm{kJ} = 600\,\mathrm{MJ}$

燃料の発熱量は $40\,\mathrm{MJ/kg}$ なので，1 時間当り $600/40 = 15\,\mathrm{kg}$

〔**3.4**〕　成績係数が 6.7 なので 1 秒当りに吸収する熱量は $10 \times 6.7 = 67$ kJ。

1 時間当り $67 \times 3\,600$ kJ $= 241\,200$ kJ $= 57\,627$ kcal

仕事は 1 時間当り $10 \times 3\,600 = 36\,000$ kJ $= 8\,601$ kcal

外部に捨てる熱量は 1 時間当り $57\,627 + 8\,601 = 66\,228$ kcal

〔**3.5**〕　外部になす仕事は $100 - 74 = 26$ kJ。効率は $26 / 100 = 0.26 = 26$ %

〔**3.6**〕　放熱量は入口，出口のエンタルピー差なので $2\,500 - 190 = 2\,310$ kJ/kg。蒸気の流量をかけて $25 \times 2\,310 = 57\,750$ kW

〔**3.7**〕　2 kg の空気は毎秒 10 kJ の仕事をされて 3.5 kJ の熱を放出しているので，受け取る熱量は 6.5 kJ，これがエンタルピーの上昇となる。1 kg 当りのエンタルピーの差（増加量）は $6.5 / 2 = 3.25$ kJ

〔**3.8**〕　ポンプの 0.5 MW の仕事が水の温度上昇に用いられる。1 秒当りの温度上昇は $0.5 \times 10^{6} / (5\,000 \times 10^{3} \times 4.185\,5) = 0.023\,9$ ℃

1 時間での温度上昇は $3\,600 \times 0.023\,9 = 86$ ℃

▌4章

〔**4.1**〕　水の蒸発熱は 539 cal/g であるので，100 g の水が蒸気になるときに加えられる熱量は $100 \times 539 = 53\,900$ cal $= 225.6$ kJ

エントロピーは $225.6 / 373 = 0.605$ kJ/K 増加する。

〔**4.2**〕　水の凝固熱は 80 cal/g であり 40 g の水が氷になったので $80 \times 40 = 3\,200$ cal $= 13\,394$ J の熱を放出。エントロピーは $13\,394 / 273 = 49$ J/K 減少。周囲の空気は $13\,394$ J の熱を受け取ったので -20 ℃ の場合 $13\,394 / 253 = 52.9$ J/K エントロピーが増加。-10 ℃ の場合 $13\,394 / 263 = 50.9$ J/K エントロピーが増加。

空気と氷水全体では

空気の温度が -20 ℃ の場合 $52.9 - 49 = 3.9$ J/K エントロピーが増加。

空気の温度が -10 ℃ の場合 $50.9 - 49 = 1.9$ J/K エントロピーが増加。

いずれも熱力学第 2 法則を満たしている。

〔**4.3**〕　エアコンの仕事量は 1 kW。1 時間の仕事は $3\,600$ kJ $= 860$ kcal。

25 ℃ の部屋から 1 時間に吸収する熱量 Q kcal とするとエントロピーの減少は $(Q / 298)$ kcal/K。外部に捨てる熱量は $(Q + 860)$ kcal なので，エントロピーの増加は $(Q + 860) / 308$ kcal/K

全体のエントロピーは正でなければならないから

$(Q + 860) / 308 - (Q / 298) \geqq 0$　これから $Q \leqq 25\,628$ kcal

最大 $25\,628$ kcal，成績係数は $25\,628 / 860 = 29.8$

〔**4.4**〕　部屋を暖房するためには 1 時間当り $5\,000$ kcal の熱を供給する必要がある。これによる 25 ℃ の部屋のエントロピーの増加は $5\,000 / 298$ kcal/K。-5 ℃ の外気か

ら吸収する熱量を Q kcal とすると，-5℃の外気のエントロピーの減少は $(Q/268)$ kcal/K。

熱力学第2法則から

　　　$5\,000/298 - Q/268 \geqq 0$ 　これから $Q \leqq 4\,497$ kcal

エアコンの仕事 W は1時間当り $5\,000 - Q$。Q の最大値は $4\,497$ kcal であるので，エアコンの仕事の最小値は1時間当り

　　　$5\,000 - 4\,497 = 503$ kcal $= 2\,105$ kJ。1秒当りにすると

　　　$2\,105/3\,600 = 0.585$ kW 以上

成績係数の上限は $5\,000/503 = 9.94$

〔**4.5**〕　熱力学第2法則より効率の最大値は

　　　$1 - (298/573) = 0.480 = 48\%$

高温熱源から毎秒 10 kJ の熱を吸収するので，取り出す最大の仕事は毎秒 $10 \times 0.480 = 4.8$ kJ。したがって出力の最大値は 4.8 kW。

高温熱源のエントロピー変化　毎秒 $10/573 = 0.017\,45$ kJ/K 減少

大気に捨てる熱量は　毎秒 $10 - 4.8 = 5.2$ kJ

エントロピーの変化は　毎秒 $5.2/298 = 0.017\,45$ kJ/K 増加

全体ではエントロピーの増加は　0

〔**4.6**〕　問題 4.5 での最大出力は 4.8 kw。-30℃の冷凍庫から吸収する熱量を Q kW とすると，20℃の外気に捨てる熱量は $Q+4.8$ kW。冷凍庫と外気のエントロピーの変化はそれぞれ $-Q/243$，$(Q+4.8)/293$。

熱力学第2法則より

$-Q/243 + (Q+4.8)/293 \geqq 0$ 　これから $Q(1/243 - 1/293) \leqq 4.8/293$　$Q \leqq 23.33$ kW

よって冷凍庫から吸収する熱量は最大 23.33 kW

高温熱源のエントロピーの減少は問題 4.5 から $0.017\,45$ kW/K

冷凍庫のエントロピーの減少は　$23.33/243 = 0.096\,01$ kW/K

20℃の大気のエントロピーの増加は問題 4.5 で $0.017\,45$ kW/K

冷凍機では $(23.33+4.8)/293 = 0.096\,01$ kW/K で合計 $0.113\,46$ kW/K

以上から高温熱源，大気，冷凍庫のエントロピー変化の合計

　　　$-0.017\,45 - 0.096\,01 + 0.113\,46 = 0$

〔**4.7**〕　500℃の高温熱源と 100℃の低温熱源の最大効率は

　　　$1 - (373/773) = 0.517 = 51.7\%$

高温熱源を 600℃，低温熱源を 200℃とした場合の最大効率は

　　　$1 - (473/873) = 0.447 = 44.7\%$

よって，温度差が等しい場合には，高温熱源の温度が低いほうが効率がよい。

〔**4.8**〕　空気が外部になす仕事 W は

$$W = 0.288 \times 0.289 \times 10^3 \times 373 \times \ln(0.03/0.006) = 49.9\,\mathrm{kJ}$$

等温膨張なので内部エネルギーの変化は 0，したがって W の熱を外部から吸収する。よってエントロピーは

$$49.9/373 = 0.134\,\mathrm{kJ/K}\ 増加する。$$

5章

〔**5.1**〕　5.6 kg は 5 600/28 = 200 モル。状態方程式より

体積は $V_1 = 200 \times 8.31 \times (200 + 273)/1 \times 10^6 = 0.786\,\mathrm{m}^3$

圧力が同じで 100 ℃ の場合の体積は

$$V_2 = 200 \times 8.31 \times (100 + 273)/1 \times 10^6 = 0.620\,\mathrm{m}^3$$

体積の減少　$\Delta V = 0.786 - 0.620 = 0.166\,\mathrm{m}^3$

外部からなされた仕事　$p\Delta V = 1 \times 10^6 \times 0.166 = 0.166 \times 10^6\,\mathrm{J} = 166\,\mathrm{kJ}$

内部エネルギーの減少量　$\Delta U = 747 \times (200 - 100) \times 5.6 = 418\,\mathrm{kJ}$

外部に放出した熱量　$166 + 418 = 584\,\mathrm{kJ}$

エンタルピーの減少量　$\Delta H = \Delta U + p\Delta V = 584\,\mathrm{kJ}$

〔**5.2**〕　空気 7.2 kg は 250 モル。圧力 $p_1 = 0.5\,\mathrm{MPa}$。圧縮後の圧力 $p_2 = 1.2\,\mathrm{MPa}$。外部からなされた仕事 W は

$$W = nRT_1 \ln \frac{V_1}{V_2} = nRT_1 \ln \frac{p_2}{p_1} = 250 \times 8.31 \times 573 \times \ln(1.2/0.5) = 1.04 \times 10^6\,\mathrm{J}$$

$$= 1.04\,\mathrm{MJ}$$

等温変化なので内部エネルギーの増加量は 0

pV 一定であるのでエンタルピーの変化も 0

外部に放出した熱量 Q はなされた仕事量と同じく $Q = 1.04\,\mathrm{MJ}$

エントロピーの変化量 ΔS は $\Delta S = -Q/T_1 = -1.04\,\mathrm{MJ}/573 = -1.82\,\mathrm{kJ/K}$　1.82 kJ/K の減少。

〔**5.3**〕　水素 2 kg は 2 000/2 = 1 000 モル。状態方程式より

$$0.2 \times 10^6 \times V_1 = 1\,000 \times 8.31 \times 273\ よって\ V_1 = 11.34\,\mathrm{m}^3$$

圧縮後の体積は 1/5 だから 11.34/5 = 2.268 m³

式 (5.37) より，$273 \times 11.34^{0.4} = T_2 \times 2.268^{0.4}$

圧縮後の温度は $273 \times 5^{0.4} = 520\,\mathrm{K} = 247\,℃$

内部エネルギーの増加量は

$$mC_v(T_2 - T_1) = 10\,464 \times (247 - 0) \times 2 = 5.17\,\mathrm{MJ}$$

断熱なので外部から受け取った熱量は 0

したがってエントロピーの増加量も 0

外部からなされた仕事は内部エネルギーの増加量に等しく　5.17 MJ

$p_1 = 0.2$ MPa。圧縮後の圧力 p_2 は，式 (5.38) より

$\quad 0.2 \times 11.34^{1.4} = p_2 \times 2.268^{1.4}$。これから $p_2 = 0.2 \times (5)^{1.4} = 1.90$ MPa

$\quad \Delta(pv) = p_2 V_2 - p_1 V_1 = 1.9 \times 10^6 \times 2.268 - 0.2 \times 10^6 \times 11.34 = 2.04$ MJ

エンタルピーの増加は，これに内部エネルギーの増加量を加えて $2.04 + 5.17 = 7.21$ MJ

〔**5.4**〕　酸素 3.2 kg は $3\,200 / 32 = 100$ モル。その体積 V_1 は

$\quad 10 \times 10^6 \times V_1 = 100 \times 8.31 \times 473$ より　$V_1 = 0.039\,3$ m³

圧力が 0.5 MPa になったので，式 (5.39) より膨張後の体積 V_2 は

$\quad 10 \times 0.039\,3^{1.4} = 0.5 \times V_2^{1.4}$。これから

$\quad V_2 = 0.039\,3 \times (10 / 0.5)^{1/1.4} = 0.334$ m³

膨張後の温度 T_2 は状態方程式から $0.5 \times 10^6 \times 0.334 = 100 \times 8.31 \times T_2$

これより　$T_2 = 201$ K $= -72$ ℃

内部エネルギーの減少量

$\quad mC_v(T_2 - T_1) = 3.2 \times 654 \times (200 + 72) = 0.569$ MJ

外部になした仕事は内部エネルギーの減少量に等しく 0.569 MJ

$\quad \Delta(pv) = p_2 V_2 - p_1 V_1 = 0.5 \times 10^6 \times 0.334 - 10 \times 10^6 \times 0.039\,3 = -0.226$ MJ。0.226 MJ 減少。

エンタルピーの減少量は，これに内部エネルギーの減少量を加えたものであるので

$\quad 0.226 + 0.569 = 0.795$ MJ

〔**5.5**〕　2.88 kg の空気は $2\,880 / 28.8 = 100$ モル。状態方程式より

$\quad p \times 0.448 = 100 \times 8.31 \times 373$。これから p $= 0.692$ MPa。

温度が 200 ℃ $= 473$ K になった場合の圧力は，シャルルの法則より

$\quad 0.692 \times 473 / 373 = 0.878$ MPa

内部エネルギーの増加は $2.88 \times 727 \times (200 - 100) = 0.209$ MJ

圧力が 1/2 になった場合の温度は，シャルルの法則より

$\quad 1/2 \times 373 = 186.5$ K $= -86.5$ ℃

内部エネルギーの減少量は $2.88 \times 727 \times (100 + 86.5) = 0.390$ MJ

〔**5.6**〕　カルノーサイクルの効率 η は $1 - T_2 / T_1$

η が 45 % で T_1 が 400 ℃ $= 673$ K なので

$\quad 1 - T_2 / 673 = 0.45$。これより，低温側の温度

$\quad T_2 = 673 \times 0.55 = 370$ K $= 97$ ℃

等温膨張の体積比が 2 なので，点 B の圧力は $5 / 2 = 2.5$ MPa。温度は 400 ℃。

点 C の温度は 97 ℃ $= 370$ K。断熱膨張なので式 (5.40) より

$T_C = T_B(p_B/p_C)^{-0.4/1.4}$。これより $p_C = p_B(T_C/T_B)^{1.4/0.4}$

$p_C = 2.5 \times (370/673)^{3.5} = 0.308$ MPa

点 D の温度は 97 ℃ = 370 K。等温圧縮で体積比が 1/2 なので

$p_D = 0.308 \times 2 = 0.616$ MPa

〔**5.7**〕　5.76 kg の空気は 5 760/28.8 = 200 モル。A → B の等温膨張のとき外部になす仕事 W は

$$W = nRT_A \ln \frac{V_B}{V_A} = 200 \times 8.31 \times 673 \times \ln(2) = 0.775 \times 10^6 \text{J} = 0.775 \text{ MJ}$$

これと同じ熱量を外部から吸収する。1 分間 1 800 サイクルは 1 秒では 1 800/60 = 30 サイクルだから，熱の吸収率は

$0.775 \times 30 = 23.3$ kW

このカルノーサイクルの効率 η は $\eta = 1 - (370/673) = 0.45$

したがって出力は，$23.3 \times 0.45 = 10.5$ kW

〔**5.8**〕　オットーサイクルの効率の式

$$\eta_{th} = 1 - \left(\frac{1}{\varepsilon}\right)^{0.4}$$ を用いて，圧縮比 5 では効率 47.5 %，圧縮比 10 では効率 60.2 %，圧縮比 15 では効率 66.1 %，圧縮比 20 では効率 69.8 %

〔**5.9**〕　1 の状態の温度 T_1 は 20 ℃ = 293 K。式 (5.65) より，2 の状態の温度 T_2 は $T_2 = T_1(V_1/V_2)^{\kappa-1}$ であり圧縮比 $\varepsilon = V_1/V_2 = 8$ なので

$T_2 = 293 \times (8)^{0.4} = 673$ K = 400 ℃

これが 2 300 ℃まで上昇するので，空気 1 kg 当り吸収する熱量 Q は

$Q = C_V(T_3 - T_2) = 727 \times (2 300 - 400) = 1.38$ MJ

オットーサイクルの効率は

$1 - (1/8)^{1.4-1} = 0.565$

排出する熱量は

$1.38 \times (1 - 0.565) = 0.60$ MJ/kg

よって外部になす仕事は

$1.38 \times 0.565 = 0.78$ MJ/kg

〔**5.10**〕　1 の状態の温度 T_1 は 20 ℃ = 293 K，圧力 p_1 は 0.101 3 MPa。式 (5.65) より，2 の状態の温度 T_2 は $T_2 = T_1(V_1/V_2)^{\kappa-1}$ であり，圧縮比 $\varepsilon = V_1/V_2 = 20$ なので

$T_2 = 293 \times (20)^{0.4} = 971$ K = 698 ℃

2 の状態での圧力 p_2 は式 (5.39) より $p_2 = p_1(V_1/V_2)^{\kappa}$ であるので

$p_2 = 0.101 3 \times (20)^{1.4} = 6.72$ MPa，$V_2 = 22.4/20 = 1.12$ L = 0.001 12 m³

3 の状態での温度は $T_3 = 1 500$ ℃ = 1 773 K，圧力は等圧膨張なので $p_3 = 6.72$ MPa

このときの体積 V_3 は等圧膨張なので

$$V_3 = V_2 T_3 / T_2 = 0.001\,12 \times 1\,773 / 971 = 0.002\,045 \text{ m}^3$$

等圧膨張比 σ は $\sigma = V_3 / V_2 = 1.826$

$V_4 = V_1$ なので $V_3 / V_4 = 0.002\,045 / 0.022\,4 = 0.091\,3$

断熱膨張なので 4 の状態の温度 T_4 は $T_4 = T_3 (V_3 / V_4)^{\kappa-1}$

$$T_4 = 1\,773 \times (0.091\,3)^{0.4} = 681 \text{ K} = 408\,℃$$

4 の状態での圧力 p_4 は式 (5.39) より $p_4 = p_3 (V_3 / V_4)^{\kappa}$ であるので

$$p_4 = 6.72 \times (0.091\,3)^{1.4} = 0.236 \text{ MPa}$$

理論熱効率は

$$\eta_{th} = 1 - \left(\frac{1}{\varepsilon}\right)^{\kappa-1} \frac{\sigma^{\kappa}-1}{\kappa(\sigma-1)} = 1 - \left(\frac{1}{20}\right)^{0.4} \frac{1.826^{1.4}-1}{1.4 \times (1.826-1)} = 0.65 = 65\%$$

〔**5.11**〕 圧力比が 30 であるので，理論熱効率は式 (5.91) より

$$\eta_{th} = 1 - \left(\frac{1}{\varphi}\right)^{\frac{\kappa-1}{\kappa}} = 1 - (1/30)^{0.4/1.4} = 0.62 = 62\%$$

圧力比が 30 なので 2 の状態の圧力 p_2 は

$$p_2 = 0.101\,3 \times 30 = 3.039 \text{ MPa}$$

断熱圧縮なので，温度 T_2 は式 (5.86) より

$$T_2 = T_1 \left(p_2 / p_1\right)^{\frac{\kappa-1}{\kappa}} = 293 \times (30)^{0.4/1.4} = 774 \text{ K} = 501\,℃$$

2 → 3 は等圧膨張なので

$$p_3 = p_2 = 3.039 \text{ MPa}$$

T_3 はタービン入口温度なので

$$T_3 = 1\,200\,℃ = 1\,473 \text{ K}$$

3 → 4 は断熱膨張で

$$p_4 = p_1 = 0.101\,3 \text{ MPa なので}$$

T_4 は

$$T_4 = T_3 \left(p_4 / p_3\right)^{\frac{\kappa-1}{\kappa}} = 1\,473 \times (1/30)^{0.4/1.4} = 557 \text{ K} = 204\,℃$$

熱の吸収は 2 → 3 の等圧膨張で行われ

定圧比熱 C_p は $C_p = 1.4\,C_V = 1.4 \times 727 = 1\,018 \text{ J}/(\text{kg·K})$

よって吸収する熱量 Q は空気 1 kg 当り

$$Q = C_p (T_3 - T_2) = 1\,018 \times (1\,200 - 501) = 0.711 \text{ MJ}$$

理論効率は 62 % なので，仕事は空気 1 kg 当り

$$0.711 \times 0.62 = 0.441 \text{ MJ}$$

6章

〔**6.1**〕 1 MPa の飽和温度は蒸気表により 179.9 ℃，よって 150 ℃の水のサブクール度は

$$179.9 - 150 = 29.9 ℃$$

150 ℃の飽和圧力は蒸気表より 0.476 2 MPa。この圧力まで下がると沸騰が始まる。

〔**6.2**〕 0.2 MPa の飽和温度は 120.2 ℃，よって 200 ℃の蒸気の過熱度は

$$200 - 120.2 = 79.8 ℃$$

200 ℃の飽和圧力は 1.554 9 MPa。この圧力まで上昇すると蒸気の凝縮が始まる。

〔**6.3**〕 0.065 5 MPa の飽和温度は，蒸気表から内挿する 0.06 MPa で飽和温度 85.9 ℃，0.08 MPa で飽和温度 93.5 ℃。0.065 5 MPa では飽和温度は

$$85.9 + (93.5 - 85.9) × (0.065 5 - 0.06) / (0.08 - 0.06) = 88.0 ℃$$

この温度ではお米はアルファ化（人間が消化できる状態）にならないので，富士山頂ではお米は炊けない。

〔**6.4**〕 蒸気表より 0.1 MPa の飽和温度は 99.6 ℃。20 ℃の水 0.1 kg が飽和温度まで上昇するのに必要なエネルギーは

$$1 × (99.6 - 20) × 100 = 7.96 \text{ kcal} = 33.3 \text{ kJ}$$

飽和水のエンタルピーは 417.5 kJ/kg。飽和蒸気のエンタルピーは 2 674.9 kJ/kg，よって 0.1 kg の飽和水が飽和蒸気になるのに必要な熱量は

$$0.1 × (2 674.9 - 417.5) = 225.74 \text{ kJ}$$

0.1 MPa，300 ℃の過熱蒸気のエンタルピーは過熱蒸気表より 3 074.5 kJ/kg，よって 0.1 kg の飽和蒸気が 300 ℃の過熱蒸気になるのに必要な熱量は

$$0.1 × (3 074.5 - 2 674.9) = 39.96 \text{ kJ}$$

したがって 0.1 MPa，20 ℃の水 0.1 kg が，0.1 MPa，300 ℃の過熱蒸気になるのに必要な熱量は

$$33.3 + 225.7 + 40.0 = 299.0 \text{ kJ}$$

〔**6.5**〕 10 MPa，400 ℃の過熱蒸気のエントロピーは，過熱蒸気表より 6.214 kJ/(kg·K)。0.2 MPa の飽和液のエントロピーは 1.530 2 kJ/(kg·K)，飽和蒸気のエントロピーは 7.126 9 kJ/(kg·K)。0.2 MPa の湿り蒸気の乾き度を X とすると，そのエントロピーは $1.530\,2(1-X) + 7.126\,9X$。等エントロピー膨張なので，これが過熱蒸気のエントロピーに等しくなるためには，$1.530\,2(1-X) + 7.126\,9X = 6.214$。

湿り蒸気の乾き度 X は $X = (6.214 - 1.530\,2) / (7.126\,9 - 1.530\,2) = 0.84$

〔**6.6**〕 0.1 MPa で乾き度 0.2 のエントロピーは，飽和蒸気表より飽和水 1.302 8 kJ/(kg·K)，飽和蒸気 7.358 8 kJ/(kg·K) なので

$$(1 - 0.2) × 1.302\,8 + 0.2 × 7.358\,8 = 2.514 \text{ kJ/(kg·K)}$$

飽和蒸気表より 2 MPa の飽和水の比エントロピーは 2.446 8 kJ/(kg·K)，飽和温度は 212.4 ℃

3 MPa の飽和水の比エントロピーは 2.645 5 kJ/(kg·K)，飽和温度は 233.9 ℃ なので，内挿により飽和液の比エントロピーが 2.514 kJ/(kg·K) となる飽和圧力は

$$2 + (2.514 - 2.446\,8) / (2.645\,5 - 2.446\,8) \times 1 = 2.338 \text{ MPa}$$

そのときの飽和温度は

$$212.4 + (233.9 - 212.4) \times (2.514 - 2.446\,8) / (2.645\,5 - 2.446\,8) = 220 ℃$$

〔**6.7**〕 2 MPa の飽和水の比エンタルピーは 908.5 kJ/kg。0.1 MPa の飽和水の比エンタルピーは 417.5 kJ/kg。飽和蒸気の比エンタルピーは 2 674.9 kJ/kg。乾き度を X とすると，湿り蒸気のエンタルピーは

$$417.5(1 - X) + 2\,674.9X$$

等エンタルピー膨張なので，これが 2 MPa の飽和水の比エンタルピー，908.5 kJ/kg に等しくなるためには

$$417.5(1 - X) + 2\,674.9X = 908.5$$

これから乾き度 X は $X = (908.5 - 417.5) / (2\,674.9 - 417.5) = 0.218$

〔**6.8**〕 0.3 MPa の飽和温度は 133.5 ℃，飽和水の比容積は 0.001 073 m³/kg，内部エネルギーは 561.1 kJ/kg。

飽和蒸気の比容積は 0.605 8 m³/kg，その比内部エネルギーは 2 543.2 kJ/kg。

250 kg の湿り蒸気の乾き度を X とすると，その体積は

$$250 \times 0.001\,073(1 - X) + 250 \times 0.605\,8X \quad \text{これが 5 m}^3 \text{ となるので}$$

$$250 \times 0.001\,073(1 - X) + 250 \times 0.605\,8X = 5 \quad \text{より}$$

$$X = (5 - 0.268\,25) / (151.45 - 0.268\,25) = 0.031\,3$$

したがってその内部エネルギーは

$$250 \times (561.1 \times (1 - 0.031\,3) + 2\,543.2 \times 0.031\,3) = 156 \text{ MJ}$$

1 MPa の飽和温度は 179.9 ℃，飽和水の比容積は 0.001 127 m³/kg，比内部エネルギーは 761.4 kJ/kg。

飽和蒸気の比容積は 0.194 4 m³/kg，比内部エネルギーは 2 582.7 kJ/kg。

250 kg の飽和蒸気の体積は $250 \times 0.194\,4 = 48.6$ m³ で，5 m³ を超えるので湿り蒸気である。

その乾き度は

$$250 \times 0.001\,127(1 - X) + 250 \times 0.194\,4X = 5 \quad \text{より}$$

$$X = (5 - 0.281\,75) / (48.6 - 0.281\,75) = 0.097\,6$$

その内部エネルギーは

$$250 \times (761.4 \times (1 - 0.097\,6) + 2\,582.7 \times 0.097\,6) = 235 \text{ MJ}$$

体積一定なので，加熱に必要な熱量は内部エネルギーの差であるので 235 − 156 = 79 MJ。

7章

〔**7.1**〕 0.05 MPa の飽和水の飽和温度は，蒸気表の 0.04 MPa と 0.06 MPa の値を内相して，飽和温度 80.9 ℃，飽和水の比容積 0.001 029 5 m³/kg，比内部エネルギー 338.7 kJ/kg，比エンタルピー 338.75 kJ/kg，比エントロピー 1.085 75 kJ/(kg・K)，飽和蒸気の比容積 3.362 5 m³/kg，比内部エネルギー 2 482.65 kJ/kg，比エンタルピー 2 644.5 kJ/kg，比エントロピー 7.600 0 kJ/(kg・K)。

飽和蒸気が飽和水に凝縮するとき，外部に放出する熱量はエンタルピーの差であるので，蒸気 1 kg 当り

$$2\,644.5 − 338.75 = 2\,306 \text{ kJ}$$

体積の減少は蒸気 1 kg 当り

$$3.362\,5 − 0.001\,029\,5 = 3.361\,5 \text{ m}^3$$

圧力は 0.05 MPa なので，外部からなされる仕事は蒸気 1 kg 当り

$$0.05 × 10^6 × 3.361\,5 = 0.168 × 10^6 \text{ J} = 168 \text{ kJ}$$

内部エネルギーの減少量は蒸気 1 kg 当り

$$2\,482.65 − 338.7 = 2\,144 \text{ kJ}$$

エントロピーの減少量は蒸気 1 kg 当り

$$7.600\,0 − 1.085\,75 = 6.514\,25 \text{ kJ/K}$$

〔**7.2**〕 高圧側 5 MPa で蒸気表を内挿して飽和温度 263 ℃，飽和水の比エンタルピー 1 150.7 kJ/kg，比エントロピー 2.912 3 kJ/(kg・K)，飽和蒸気の比エンタルピー 2 792.7 kJ/kg，比エントロピー 5.979 9 kJ/(kg・K)。

低圧側 0.05 MPa で蒸気表を内挿して飽和温度 80.9 ℃，飽和水の比エンタルピー 338.75 kJ/kg，比エントロピー 1.085 75 kJ/(kg・K)，飽和蒸気の比エンタルピー 2 644.5 kJ/kg，比エントロピー 7.600 0 kJ/(kg・K)。

5 MPa の飽和蒸気から 0.05 MPa の湿り蒸気への断熱膨張において，湿り蒸気の乾き度を X_1 とするとエントロピーが一定であるので

$$1.085\,75\,(1 − X_1) + 7.600\,0\,X_1 = 5.979\,9 \text{ より}$$

$$X_1 = (5.979\,9 − 1.085\,75)/(7.6 − 1.085\,75) = 0.751$$

0.05 MPa の湿り蒸気から 5 MPa の飽和水への断熱圧縮において，湿り蒸気の乾き度を X_2 とするとエントロピーが一定であるので

$$1.085\,75\,(1 − X_2) + 7.600\,0\,X_2 = 2.912\,3 \text{ より}$$

$$X_2 = (2.912\,3 − 1.085\,75)/(7.6 − 1.085\,75) = 0.280$$

高圧側での飽和水から飽和蒸気への相変化による熱の吸収は，飽和蒸気と飽和水のエンタルピー差であり，水 1 kg 当り

$$2\,792.7 - 1\,150.7 = 1\,642\ \text{kJ}$$

低圧側での熱の放出は乾き度 X_1 の湿り蒸気のエンタルピーと，乾き度 X_2 の湿り蒸気のエンタルピーの差であるので，水 1 kg 当り

$$2\,644.5(X_1 - X_2) - 338.75(X_1 - X_2) = (2\,644.5 - 338.75) \times (0.751 - 0.280)$$
$$= 1\,086\ \text{kJ}$$

外部になす仕事は吸収する熱量と放出する熱量の差であるので

$$1\,642 - 1\,086 = 556\ \text{kJ}$$

効率 η は $\eta = 556 / 1\,642 = 0.34 = 34\ \%$

高温側の温度 263 ℃ = 536 K，低温側の温度 80.9 ℃ = 353.9 K，カルノーサイクルの効率 η_C は

$$\eta_C = 1 - (353.9 / 536) = 0.34 = 34\ \%$$

カルノーサイクルの効率と一致する。

〔**7.3**〕 過熱蒸気表より 10 MPa，蒸気温度 500 ℃ のエンタルピー h_1 は 1 kg 当り 3 375.1 kJ，エントロピーは 6.60 kJ/K。

飽和蒸気表より 0.05 MPa の飽和温度 80.9 ℃，飽和水の比エンタルピー 338.75 kJ/kg，比エントロピー 1.085 75 kJ/(kg·K)，飽和蒸気の比エンタルピー 2 644.5 kJ/kg，比エントロピー 7.600 0 kJ/(kg·K)。

等エントロピー膨張なのでタービン出口の湿り蒸気の乾き度 X は $7.600\,X + 1.085\,75$ $(1 - X) = 6.6$ から求められ

$$X = (6.6 - 1.085\,75) / (7.6 - 1.085\,75) = 0.846\,5$$

湿り蒸気 1 kg 当りのエンタルピー h_2 は

$$(1 - 0.846\,5) \times 338.75 + 0.846\,5 \times 2\,644.5 = 2\,577.3\ \text{kJ}$$

したがってタービンがなす仕事は

$$h_1 - h_2 = 3\,375.1 - 2\,577.3 = 797.8\ \text{kJ}$$

復水器での放熱量は

$$h_2 - h_3 = 2\,577.3 - 338.75 = 2\,238.6\ \text{kJ}$$

凝縮水はポンプで等エントロピー加圧され 10 MPa になる。このとき圧縮水の温度は 81.4 ℃，エンタルピー h_4 は 349.0 kJ。

したがってポンプによりされる仕事は

$$h_4 - h_3 = 349.0 - 338.8 = 10.2\ \text{kJ}$$

ボイラーでの加熱量は

$$h_1 - h_4 = 3\,375.1 - 349 = 3\,026.1\ \text{kJ}$$

ランキンサイクルの効率は

$$(h_1 - h_2) / (h_1 - h_3) = 797.8 / 3\,036.3 = 0.263 = 26.3\,\%$$

復水器の圧力が 0.05 MPa と高くなった場合，例題 7.2 の効率 40.4 % に比べて効率は低下する。

〔**7.4**〕 過熱蒸気表より 10 MPa，蒸気温度 600 ℃の蒸気の 1 kg 当りのエンタルピー h_1 は 3 625.8 kJ，エントロピーは 6.905 kJ/K。

飽和蒸気表より 0.01 MPa での飽和水のエントロピーは 0.649 2 kJ/K，エンタルピー h_3 は 191.8 kJ，飽和蒸気のエントロピーは 8.148 kJ/K，エンタルピーは 2 583.9 kJ。

等エントロピー膨張なのでタービン出口の湿り蒸気のクォリティ X は 8.148 8X＋ 0.649 2 $(1-X) = 6.905$ から求められ

$$X = (6.905 - 0.649\,2) / (8.148\,8 - 0.649\,2) = 0.834\,2$$

湿り蒸気のエンタルピー h_2 は

$$(1 - 0.834\,2) \times 191.8 + 0.834\,2 \times 2\,583.9 = 2\,187.3\,\text{kJ}$$

したがってタービンがなす仕事は

$$h_1 - h_2 = 3\,625.8 - 2\,187.3 = 1\,438.5\,\text{kJ}$$

復水器での放熱量は

$$h_2 - h_3 = 2\,187.3 - 191.8 = 1\,995.5\,\text{kJ}$$

ポンプの仕事とボイラでの加熱量の合計は

$$h_1 - h_3 = 3\,625.8 - 191.8 = 3\,434\,\text{kJ}$$

ランキンサイクルの効率は

$$(h_1 - h_2) / (h_1 - h_3) = 1\,438.5 / 3\,434 = 0.419 = 41.9\,\%$$

タービン出口の蒸気温度が高くなり 600 ℃の場合，例題 7.2 の効率 40.4 % に比べて効率は増加する。

〔**7.5**〕 過熱蒸気表より 6 MPa，蒸気温度 500 ℃の蒸気の 1 kg 当りのエンタルピー h_1 は 3 423.1 kJ，エントロピーは 6.883 kJ/K。

飽和蒸気表より 0.01 MPa での飽和水のエントロピーは 0.649 2 kJ/K，エンタルピー h_3 は 191.8 kJ，飽和蒸気のエントロピーは 8.148 kJ/K，エンタルピーは 2 583.9 kJ。

等エントロピー膨張なのでタービン出口の湿り蒸気の乾き度 X は 8.148 8X＋0.649 2 $(1-X) = 6.883$ から求められ

$$X = (6.883 - 0.649\,2) / (8.148\,8 - 0.649\,2) = 0.831\,2$$

湿り蒸気のエンタルピー h_2 は

$$(1 - 0.831\,2) \times 191.8 + 0.831\,2 \times 2\,583.9 = 2\,180.1\,\text{kJ}$$

したがってタービンがなす仕事は

$h_1 - h_2 = 3\,423.1 - 2\,180.1 = 1\,243.0\;\mathrm{kJ}$

復水器での放熱量は

$h_2 - h_3 = 2\,180.1 - 191.8 = 1\,988.3\;\mathrm{kJ}$

ポンプの仕事とボイラーでの加熱量の合計は

$h_1 - h_3 = 3\,423.1 - 191.8 = 3\,231.3\;\mathrm{kJ}$

ランキンサイクルの効率は

$(h_1 - h_2)/(h_1 - h_3) = 1\,243.0/3\,231.3 = 0.385 = 38.5\;\%$

タービン出口圧力が低くなった場合には，例題 7.2 の効率 40.4 ％に比べて効率は減少する。

〔**7.6**〕 例題 7.2 のランキンサイクルの効率は 40.4 ％。100 万 kW（1 000 MW）の発電所では熱の発生は $1\,000/0.403 = 2\,475\;\mathrm{MW}$（ポンプの動力も発電した電力からまかなうとする）。1 時間当りの発熱量は $2\,475 \times 3\,600 = 8.910 \times 10^6\;\mathrm{MJ}$，重油の発熱量は 42 MJ/kg なので，重油の消費量は $8.910 \times 10^6/42 = 0.212 \times 10^6\;\mathrm{kg} = 212$ トン。

10 MPa の相変化のエンタルピー（蒸発潜熱）は 1 317.4 kJ/kg

例題 7.2 で加熱に使われる熱量は

$h_1 - h_3 = 3\,183.3\;\mathrm{kJ/kg}$

したがって発熱量のうち相変化に用いられる割合は

$1\,317.4/3\,183.3 = 0.415 = 41.4\;\%$

したがって 1 時間当り相変化に使われる熱量は $8.933 \times 10^6 \times 0.415 = 3.697 \times 10^6\;\mathrm{MJ}$

したがって蒸気の発生量は 1 時間当り

$3.697 \times 10^6/1\,317.4 = 2\,806\;\mathrm{kg} = 2.806$ トン

〔**7.7**〕 過熱蒸気表より 10 MPa，蒸気温度 500 ℃のエンタルピー h_7 は 1 kg 当り 3 375.1 J，エントロピーは 6.60 kJ/K。

飽和蒸気表より等エントロピー変化で飽和蒸気になった場合の飽和圧力は 0.8 MPa，エンタルピー h_8 は 2 768.3 kJ。この圧力で再過熱して 600 ℃とした過熱蒸気のエンタルピー h_1 は 3 700.1 kJ，エントロピーは 8.135 kJ/K。ボイラーでの再加熱量は

$3\,700.1 - 2\,768.3 = 931.8\;\mathrm{kJ}$

飽和蒸気表より 0.01 MPa での飽和水のエントロピーは 0.649 2 kJ/K，エンタルピー h_3 は 191.8 kJ，飽和蒸気のエントロピーは 8.148 kJ/K，エンタルピーは 2 583.9 kJ。これを 10 MPa まで等エントロピー加圧するとエンタルピー h_4 は 202.5 kJ。

等エントロピー膨張なのでタービン出口の湿り蒸気の乾き度 X は $8.148\,8X + 0.649\,2(1-X) = 8.135$ から求められ

　　$X = (8.135 - 0.649\,2)/(8.148\,8 - 0.649\,2) = 0.998\,2$

　湿り蒸気のエンタルピー h_2 は

　　　$(1 - 0.998\,2) \times 191.8 + 0.998\,2 \times 2\,583.9 = 2\,579.6\,\mathrm{kJ}$

　したがってタービンがなす仕事は

　　　$(h_7 - h_8) + (h_1 - h_2) = (3\,375.1 - 2\,768.3) + (3\,700.1 - 2\,579.6) = 1\,727.3\,\mathrm{kJ}$

　復水器での放熱量は

　　　$h_2 - h_3 = 2\,579.6 - 191.8 = 2\,387.8\,\mathrm{kJ}$

　ボイラでの加熱量の合計は

　　　$h_7 - h_4 + h_1 - h_8 = (3\,375.1 - 202.5) + (3\,700.1 - 2\,768.3) = 4\,104.4\,\mathrm{kJ}$

　ランキンサイクルの効率は

　　　$((h_7 - h_8) + (h_1 - h_2))/((h_1 - h_3) + (h_7 - h_8)) = 1\,727.3/4\,115.1 = 0.419 = 41.9\,\%$

再熱蒸気の温度を 600 ℃ に上昇させると，例題 7.3 の効率 40.9 ％ に比べて効率は
増加する。

〔**7.8**〕　過熱蒸気表より 10 MPa，蒸気温度 500 ℃ のエンタルピー h_1 は，1 kg 当り
3 375.1 kJ，エントロピーは 6.60 kJ/K。

　過熱蒸気表より等エントロピー変化で，300 ℃ の過熱蒸気になる場合の圧力は 2.75
MPa，過熱蒸気のエンタルピー h_2 は 3 002.1 kJ，この圧力での飽和液のエンタルピー
h_5 は 983.4 kJ。

　飽和蒸気表より 0.01 MPa での飽和水のエントロピーは 0.649 2 kJ/K，エンタル
ピー h_4 は 191.8 kJ，飽和蒸気のエントロピーは 8.148 kJ/K，エンタルピーは
2 583.9 kJ。

　等エントロピー膨張なのでタービン出口の湿り蒸気の乾き度 X は $8.148\,8\,X + 0.649\,2$
$(1 - X) = 6.6$ から求められ

　　　$X = (6.6 - 0.649\,2)/(8.148\,8 - 0.649\,2) = 0.793\,5$

　湿り蒸気のエンタルピー h_3 は

　　　$(1 - 0.793\,5) \times 191.8 + 0.793\,5 \times 2\,583.9 = 2\,089.9\,\mathrm{kJ}$

　抽気割合 m は式（7.32）より

　　　$m = (h_5 - h_4)/(h_2 - h_5) = (983.4 - 191.8)/(3\,002.1 - 191.8) = 0.282$

　したがってタービンがなす仕事は式（7.26）より

　　　$W_T = h_1 - h_2 + (1 - m)(h_2 - h_3)$

　　　　$= (3\,375.1 - 3\,002.1) + (1 - 0.282)(3\,002.1 - 2\,089.9) = 1\,028.0$

　復水器での放熱量は

　　　$(1 - m)(h_3 - h_4) = (1 - 0.282)(2\,089.9 - 191.8) = 1\,362.8\,\mathrm{kJ}$

　ポンプの仕事とボイラでの加熱量の合計は（給水ポンプの仕事は小さいとして無

視して）

$$h_1 - h_5 = (3\,375.1 - 983.4) = 2\,391.7\ \text{kJ}$$

ランキンサイクルの効率は

$$((h_1 - h_2) + (1 - m)(h_2 - h_3))/(h_1 - h_5) = 1\,028/2\,391.7 = 0.430 = 43.0\ \%$$

抽気蒸気の温度を 300 ℃ に上昇させると，例題 7.4 の効率 43.2 % に比べて効率はわずかに減少するが，影響は非常に小さい。

▎8 章

〔**8.1**〕　高温側熱源の温度 $T_1 = 25\ ℃ = 298\ \text{K}$，低温側熱源の温度 $T_2 = -5\ ℃ = 268\ \text{K}$ 暖房の成績係数は ε_H は

$$\varepsilon_H = 1/(1 - T_2/T_1) = 1/(1 - 268/298) = 9.93$$

C → B は断熱圧縮であり，$T_1 = 25\ ℃ = 298\ \text{K}$，$T_2 = -5\ ℃ = 268\ \text{K}$ であるので式 (5.40) より

$$T_1 p_B^{-(\kappa-1)/\kappa} = T_2 p_C^{-(\kappa-1)/\kappa}$$
$$p_B = p_C (T_1/T_2)^{-(\kappa-1)/\kappa} = 0.2\,(298/268)^{1.4/0.4} = 0.290\ \text{MPa}$$

B → A は等温圧縮であり体積比 3 であるので，最高圧力 p_A は $p_A = 3p_B = 3 \times 0.290 = 0.870\ \text{MPa}$。

〔**8.2**〕　高温側熱源の温度 T_1，低温側熱源の温度 T_2 としたとき，冷凍の成績係数は ε_C は

$$\varepsilon_C = 1/(1 - T_2/T_1) - 1$$

高温熱源温度 25 ℃ の場合，低温熱源の温度が −5 ℃，−15 ℃，−25 ℃ の場合の成績係数はそれぞれ 8.93，6.45，4.96。

高温熱源温度 35 ℃ の場合，低温熱源の温度が −5 ℃，−15 ℃，−25 ℃ の場合の成績係数はそれぞれ 6.70，5.16，4.13。

高温熱源の温度が一定の場合，低温熱源の温度が低いほど（温度差が大きいほど）成績係数は小さくなる。

低温熱源の温度が一定の場合，高温熱源の温度が大きいほど成績係数は小さくなる。

温度差が同じであれば，高温熱源（低温熱源）の温度が高いほど成績係数は大きくなる。

〔**8.3**〕　冷媒 1 kg 当り外気から吸収する熱量

$$Q_2 = h_1 - h_5 = 395 - 241 = 154\ \text{kJ}$$

部屋に供給する熱量 Q_1

$$Q_1 = h_2 - h_4 = 422 - 241 = 181\ \text{kJ}$$

外部からなす仕事 W

$W = h_2 - h_1 = 422 - 395 = 27 \, \text{kJ}$

暖房の成績係数 ε_H

　　$\varepsilon_H = Q_1 / W = 181 / 27 = 6.70$

冷房の成績係数 ε_C

　　$\varepsilon_C = Q_2 / W = 154 / 27 = 5.70$

逆カルノーサイクルの成績係数

　　暖房　$1/(1 - 263/303) = 7.58$,　　冷房　$1/(1 - 263/303) - 1 = 6.58$

〔**8.4**〕　アンモニアが 1 kg 当り吸収する熱量は

　　$h_1 - h_5 = h_1 - h_4 = 460.43 - (-636.25) = 1\,096.68 \, \text{kJ} = 1.096\,68 \, \text{MJ}$

冷凍機の冷凍能力 $180 \, \text{MJ/h} = 1\,800/3\,600 \, \text{MJ/s} = 0.5 \, \text{MW}$

よってアンモニアの循環流量は $0.5/1.096\,68 = 0.456 \, \text{kg/s}$。圧縮比は $1.17/0.129$ $= 9.07$。

アンモニア 1 kg 当りに外部からなす仕事 W は

　　$W = h_2 - h_1 = 692.59 - 460.43 = 232.16 \, \text{kJ}$

冷凍機のする仕事率は

　　$232.16 \times 0.456 = 105.9 \, \text{kJ/s} = 0.105\,9 \, \text{MW}$

成績係数 ε_C は

　　$\varepsilon_C = 0.5/0.105\,9 = 4.72$

〔**8.5**〕　高温側に排出する熱量は 2 と 4 のエンタルピー差であり

　　$h_2 - h_4 = 745.03 - (-636.25) = 1\,381.28 \, \text{kJ}$

外部からなす仕事は 1 と 2 のエンタルピー差であり

　　$h_2 - h_1 = 745.03 - 483.7 = 261.33 \, \text{kJ}$

4 から 5 までは等エントロピー膨張なので膨張後の湿り蒸気の乾き度 X は $10.498X + 5.470(1 - X) = 6.134$ から求められ

　　$X = (6.134 - 5.470)/(10.498 - 5.470) = 0.132$

湿り蒸気のエンタルピー h_5 は

　　$(1 - 0.132) \times (-823.34) + 0.132 \times 483.7 = -650.8 \, \text{kJ}$

低温側から吸収する熱量は 1 と 5 のエンタルピーの差でありアンモニア 1 kg 当り

　　$h_1 - h_5 = 483.70 - (-650.8) = 1\,134.5 \, \text{kJ}$

これから冷凍機の成績係数は

　　$\varepsilon_C = Q_2 / W = (h_1 - h_5)/(h_2 - h_1) = 1\,135.5/261.33 = 4.34$

例題 8.3 の場合よりも成績係数は向上する。膨張機での仕事を圧縮機の仕事に用いれば成績係数はより向上する。

あとがき

　以上，熱力学の基本法則から，気体の状態方程式や相変化の基本的な性質ついて述べ，ガスサイクルと気液二相サイクルを用いた熱機関と冷凍機とヒートポンプについて，その特性を説明した。

　ここで述べたことは，工学系の学生，特に機械工学の分野の学生が初めて熱力学を学ぶ際に必要な事項である。またその内容については，熱から仕事を取り出す熱機関や，仕事を用いて冷凍や暖房を行う冷凍機やヒートポンプへの応用に力点をおいて，解説を行った。

　熱力学は非常に洗練された学問領域で，厳密な論理構成と高度な数学的手法を用いて種々の熱的な現象を解析することができる。しかしながら，実際の技術への応用において，熱機関や冷凍機，ヒートポンプを設計する場合には，それほど高度な数学的手法を使う必要はなく，簡単な数学で，熱と仕事の収支を計算すればよい。このことは，本書のガスサイクルや気液二相サイクルの熱効率や成績係数を説明する場合に述べたとおりである。

　また，熱力学の基本法則は決して難しいものではなく，私たちが日常経験している熱に関わる現象から本質的な原理を抽出して，それを厳密に述べただけである。熱と仕事の総量は変わらないとか，熱は暖かいところから冷たいところへ流れるといった，普通に経験することを定量的に表しただけで，何か日常では経験しない特殊な理論を述べたものではない。

　熱機関や冷凍機，ヒートポンプでの仕事を計算する場合には，多少面倒な積分などを用いることがあるが，本書を見てもわかるように，そのような煩雑な計算は必ずしも必要はなく，熱の収支バランスから仕事の量が自然に求められる。

　熱力学で重要なことは，細かな計算や難解な数式の取り扱いではなく，私たちの普通に経験している熱に関する自然現象から，蒸気機関や自動車のエンジン，エアコン，冷蔵庫といったものが巧みに作ることのできる原理を理解する

ことである。

　本書を読んで熱力学への入門をスムーズに終え，より高度な熱力学を学ぶための基礎を理解するとともに，熱力学を用いてさまざまな新しい装置を作り出す技術者としての基本を身につけてもらえば幸いである。

2018 年 1 月

片岡　勲・吉田憲司

索　引

──── 著 者 略 歴 ────

片岡　　勲（かたおか　いさお）
1973 年　京都大学工学部原子核工学科卒業
1975 年　京都大学大学院工学研究科修士課程
　　　　　修了（原子核工学専攻）
1975 年　京都大学助手
1984 年　工学博士（京都大学）
1992 年　京都大学講師
1994 年　京都大学大学院助教授
1997 年　大阪大学大学院教授
2015 年　大阪大学名誉教授
2015 年　福井工業大学教授
2017 年　福井工業大学工学部長
　　　　　現在に至る

吉田　憲司（よしだ　けんじ）
1995 年　大阪大学工学部産業機械工学科卒業
1996 年　大阪大学大学院工学研究科博士前期課
　　　　　程修了（産業機械工学専攻）
1999 年　大阪大学大学院工学研究科博士後期課
　　　　　程修了（産業機械工学専攻）
　　　　　博士（工学）（大阪大学）
1999 年　大阪大学大学院助手
2005 年　大阪大学大学院学内講師
2006 年　大阪大学大学院特任助教授
2007 年　大阪大学大学院特任准教授
2009 年　大阪大学大学院准教授
2016 年　広島工業大学准教授
2017 年　広島工業大学教授
　　　　　現在に至る

熱　　力　　学

Thermodynamics　　　　　　　　　　　　　ⓒ Isao Kataoka, Kenji Yoshida 2018

2018 年 3 月 28 日　　初版第 1 刷発行

検印省略

著　　者	片　　岡　　　　　勲	
	吉　　田　　憲　　司	
発 行 者	株式会社　　コ ロ ナ 社	
代 表 者	牛　来　真　也	
印 刷 所	新 日 本 印 刷 株 式 会 社	
製 本 所	有限会社　　愛 千 製 本 所	

112-0011　東京都文京区千石 4-46-10
発 行 所　株式会社　コ ロ ナ 社
CORONA PUBLISHING CO., LTD.
Tokyo Japan
振替 00140-8-14844・電話 (03) 3941-3131 (代)
ホームページ　http://www.coronasha.co.jp

ISBN 978-4-339-04534-5　C3353　Printed in Japan　　　　　（高橋）

機械系教科書シリーズ

(各巻A5判，欠番は品切です)

- ■編集委員長　木本恭司
- ■幹　　事　　平井三友
- ■編集委員　　青木　繁・阪部俊也・丸茂榮佑

定価は本体価格+税です。
定価は変更されることがありますのでご了承下さい。

図書目録進呈◆

機械系 大学講義シリーズ

（各巻A5判，欠番は品切です）

■編集委員長 藤井澄二
■編集委員 臼井英治・大路清嗣・大橋秀雄・岡村弘之
黒崎晏夫・下郷太郎・田島清灝・得丸英勝

定価は本体価格+税です。
定価は変更されることがありますのでご了承下さい。

||||||||||||||||||||||||||||||| 図書目録進呈◆

エネルギー便覧

（資源編）　（プロセス編）

日本エネルギー学会 編
編集委員長：請川 孝治

★ 資　源　編：B5判／334頁／本体　9,000円 ★
★ プロセス編：B5判／850頁／本体23,000円 ★

刊行にあたって

　21世紀を迎えてわれわれ人類のさらなる発展を祈念するとき，自然との共生を実現することの難しさを改めて感じざるをえません。近年，アジア諸国をはじめとする発展途上国の急速な経済発展に伴い，爆発的な人口の増加が予想され，それに伴う世界のエネルギー需要の増加が予想されます。

　石炭・石油などの化石資源に支えられた20世紀は，われわれに物質的満足を与えてくれた反面，地球環境の汚染を引き起こし地球上の生態系との共存を危うくする可能性がありました。

　21世紀におけるエネルギー技術は，量の確保とともに地球に優しい質の確保が不可欠であります。同時に，エネルギーをいかに上手に使い切るか，いわゆる総合エネルギー効率をどこまで向上させられるかが重要となります。

　（旧）燃料協会時代に刊行された『燃料便覧』は発刊後すでに20年を経過し，目まぐるしく変化する昨今のエネルギー情勢のなかで，その存在価値が薄れつつあります。しかしながら，エネルギー問題は今後ますますその重要性を高めると考えられ，今般，現在のエネルギー情勢に適応した便覧を刊行することになりました。

　本エネルギー便覧は，「資源編」と「プロセス編」の2分冊とし，エネルギー分野でご活躍の第一線の技術者・研究者のご協力により，「わかりやすい便覧」を作成いたしました。皆様の座右の書として利用していただけるものであると自負しております。

　最後に，本書が学術・産業の発展はもとより，エネルギー・環境問題の解決にいささかでも寄与できることを祈念します。

主要目次

【資源編】

Ⅰ. 総　論〔エネルギーとその価値／エネルギーの種類とそれぞれの特徴／2次エネルギー資源と2次エネルギーへの転換／エネルギー資源量と統計／資源と環境からみた各種非再生可能エネルギーの特徴／エネルギー需給の現状とシナリオ／エネルギーの単位と換算〕

Ⅱ. 資　源〔石油類／石炭／天然ガス類／水力／地熱／原子力(核融合を含む)／再生可能エネルギー／廃棄物〕

【プロセス編】

石油／石炭／天然ガス／オイルサンド／オイルシェール／メタンハイドレート／水力発電／地熱／原子力／太陽エネルギー／風力エネルギー／バイオマス／廃棄物／火力発電／燃料電池／水素エネルギー

定価は本体価格+税です。
定価は変更されることがありますのでご了承下さい。　　　　‖‖‖‖‖‖‖‖‖‖‖‖‖‖‖‖‖‖‖　図書目録進呈◆

機械系コアテキストシリーズ

■編集委員長　金子 成彦
■編 集 委 員　大森 浩充・鹿園 直毅・渋谷 陽二・新野 秀憲・村上　存（五十音順）

	配本順			頁	本体
		材料と構造分野			
A-1	(第1回)	材 料 力 学	渋中 谷谷 陽彰 二宏共著	348	**3900円**
		運動と振動分野			
B-1		機 械 力 学	吉松 村村 卓雄 也一共著		
B-2		振 動 波 動 学	金姫 子野 成武 彦洋共著		
		エネルギーと流れ分野			
C-1		熱 力 学	片吉 岡田 憲 勲司共著	180	**2300円**
C-2		流 体 力 学	鈴関木谷松沖 康直島 方樹國浩義均平共著	近 刊	
C-3		エ ネ ル ギ ー 変 換 工 学	鹿 園 直 毅著		
		情報と計測・制御分野			
D-1		メカトロニクスのための計測システム	中 澤 和 夫著		
D-2		ダイナミカルシステムのモデリングと制御	髙 橋 正 樹著		
		設計と生産・管理分野			
E-1		機 械 加 工 学 基 礎	松笹 村原 弘 隆之共著	近 刊	
E-2		機 械 設 計 工 学	村草上加柳澤 浩秀 存平平吉共著		

定価は本体価格+税です。
定価は変更されることがありますのでご了承下さい。

図書目録進呈◆